乡村振兴战略

浙江省农民教育培训丛书

草莓

Strawberry

浙江省农业农村厅 编

中国农业科学技术出版社

U0272264

图书在版编目（CIP）数据

草莓/浙江省农业农村厅编 . —北京：中国农业科学技术出版社，2019.12

（乡村振兴战略·浙江省农民教育培训丛书）

ISBN 978-7-5116-4566-1

Ⅰ.①草… Ⅱ.①浙… Ⅲ.①草莓－果树园艺

Ⅳ.①S668.4

中国版本图书馆CIP数据核字（2019）第278976号

责任编辑	闫庆健　王思文　马维玲
责任校对	马广洋
出 版 者	中国农业科学技术出版社
	北京市中关村南大街12号　邮编：100081
电　　话	(010) 82106625（编辑室）　(010) 82109704（发行部）
传　　真	(010) 82106625
网　　址	http：//www.castp.cn
经 销 者	各地新华书店
印 刷 者	北京建宏印刷有限公司
开　　本	787mm×1092mm　1/16
印　　张	10
字　　数	170千字
版　　次	2019年12月第1版　2019年12月第1次印刷
定　　价	43.00元

乡村振兴战略·浙江省农民教育培训丛书

编辑委员会

主　任　唐冬寿

副主任　陈百生　应华莘

委　员　陆　益　吴　涛　吴正阳　张　新
　　　　胡晓东　柳　怡　林　钗　金水丰
　　　　竺颖盈　李大庆　陈　杨　沈秀芬
　　　　盛丽君　李关春　邹敦强　周　轼
　　　　徐志东

本书编写人员

主　编　蒋桂华　杨肖芳　林　钗

副主编　李伟龙　胡美华　孔樟良

编　撰　（按姓氏笔画排序）

　　　　丁　检　王安邦　江景勇　刘　雯
　　　　张豫超　张　琴　张　青　沈　岚
　　　　余　红　严志萱　苗立祥　林　桢
　　　　周佳燕　范雪莲　俞庚戌　徐　丹
　　　　徐佩娟　童英富

审　稿　杨新琴

序

习近平总书记指出："乡村振兴，人才是关键。"

广大农民朋友是乡村振兴的主力军，扶持农民，培育农民，造就千千万万的爱农业、懂技术、善经营的高素质农民，对于全面实施乡村振兴战略，高质量推进农业农村现代化建设至为关键。

近年来，浙江省农业农村厅认真贯彻落实习总书记和中央、省委、省政府"三农"工作决策部署，深入实施"千万农民素质提升工程"，深挖农村人力资本的源头活水，着力疏浚知识科技下乡的河道沟渠，培育了一大批扎根农村创业创新的"乡村工匠"，为浙江高效生态农业发展和美丽乡村建设持续走在全国前列提供了有力支撑。

实施乡村振兴战略，农民的主体地位更加凸显，加快培育和提高农民素质的任务更为紧迫，更需要我们倍加努力。

做好农民培训，要有好教材。

浙江省农业农村厅总结近年来农民教育培训的宝贵经验，组织省内行业专家和权威人士编撰了《乡村振兴战略·浙江省农民教育培训丛书》，以浙江农业主导产业中特色农产品的种养加技术、先进农业机械装备及现代农业经营管理等内容为

主，独立成册，具有很强的权威性、针对性、实用性。

　　丛书的出版，必将有助于提升浙江农民教育培训的效果和质量，更好地推进现代科技进乡村，更好地推进乡村人才培养，更好地为全面振兴乡村夯实基础。

　　感谢各位专家的辛勤劳动。

　　特为序。

浙江省农业农村厅厅长　林健东

内容提要

为了进一步提高广大农民自我发展能力和科技文化综合素质，造就一批爱农业、懂技术、善经营的高素质农民，我们根据浙江省农业生产和农村发展需要及农村季节特点，组织省内行业首席专家或行业权威人士编写了《乡村振兴战略·浙江省农民教育培训丛书》。

《草莓》是《乡村振兴战略·浙江省农民教育培训丛书》中的一个分册，全书共分5章，第一章生产概况，主要介绍草莓的起源与分布和浙江省草莓现状；第二章效益分析，主要介绍草莓的经济价值、投入与产出和市场前景及风险防范；第三章关键技术，着重介绍草莓适宜品种、草莓育苗、土肥管理、定植管理、生长期管理、开花结果期管理、草莓高架基质栽培、草莓质量安全与病虫害绿色防控、采收与贮运和产品加工；第四章选购食用，主要介绍选购和食用方法；第五章典型实例，主要介绍浙江一里谷农业科技有限公司、建德市山里红家庭农场等11个省内农业企业、农民专业合作社及家庭农场从事草莓生产经营的实践经验。

《草莓》一书，内容广泛、技术先进、文字简练、图文并茂、通俗易懂、编排新颖，可供广大农业企业种植基地管理人员、农民专业合作社社员、家庭农场成员和农村种植大户学习阅读，也可作为农业生产技术人员和农业推广管理人员技术辅导参考用书，还可作为高职高专院校、成人教育农林牧渔类等专业用书。

由于编者水平所限，书中难免有不妥之处，敬请广大读者提出宝贵意见，以便进一步修订和完善。

目录 *Contents*

第一章　生产概况

　　草莓是一种宿根性多年生常绿草本植物，生产区域分布非常广泛，栽培方式多样，既适合露地栽培，又可以设施栽培。中国是世界第一大草莓生产国，主产区是山东、辽宁、江苏、安徽、湖北、河北、浙江、四川、河南、湖南等省。2018年浙江省草莓种植面积约15万亩（1亩≈667平方米，15亩=1公顷，全书同），其中，省内草莓种植面积9万亩，育苗面积约2万亩，总产值约50亿元。

一、起源与分布

草莓是一种宿根性多年生常绿草本植物，属蔷薇科草莓属，株高 5~40 厘米，短茎，其上轮生叶片，成簇状。叶片羽状复叶，常为羽状三小叶，也有羽状五小叶。由叶腋抽生的葡匐茎是草莓的繁殖器官，节处可形成新的植株，也可分株繁殖。花序常为聚伞花序，花两性或单性，花白色或略带红色。雄蕊通常 20~40 枚，雌蕊多数、着生于花托上。萼片、副萼片各 5 枚，果期宿存。果实由花托膨大发育而来，植物学上称为假果，园艺学上称之为浆果，其上嵌生很多瘦果（俗称种子），成为聚合果。

目前公认草莓属植物约有 24 个种，倍性丰富，有二倍体草莓，如森林草莓、黄毛草莓等；四倍体草莓如东方草莓等；六倍体草莓如麝香草莓；八倍体草莓如智利草莓、弗州草莓等。草莓属植物分布广泛，绝大多数分布在欧洲、亚洲和美洲。中国野生草莓资源丰富，已发现有 14 个种。

当今生产上栽培的草莓——凤梨草莓（八倍体），并非自然存在的物种，而是由智利草莓和弗州草莓自然杂交而来，1750 年诞生于法国。之后很快被引种至英国、荷兰等欧洲国家栽培，并逐步传播至世界各地，至今育成了约 2 500 个品种，基本上都属于这个种，也有通过凤梨草莓与其他种杂交培育新的栽培品种，如"桃熏"就是由凤梨草莓与黄毛草莓杂交育成的十倍体草莓。草莓气候适应性广，生产区域分布非常广泛，栽培方式多样，既适合露地栽培，又可以设施栽培。目前世界上草莓生产量列前十位的国家是中国、美国、墨西哥、土耳其、西班牙、埃及、韩国、波兰、俄罗斯和日本。

凤梨草莓于 1915 年传入我国，20 世纪 50 年代在黑龙江、河北、山东、上海等地少数大中城市周边形成局部规模种植。我国草莓商品规模化生产始于 20 世纪 80 年代，因其深受消费者喜爱和种植效益

高，草莓栽培面积迅速扩大，1985年全国草莓种植面积不足5万亩，1995年增长到55万亩，2001年达到90万亩。2003年我国草莓产量达到170万吨，占世界草莓总产量的35%，成为世界第一大草莓生产国。2017年全国草莓面积230余万亩，产量400多万吨，均占世界草莓总面积、总产量的40%左右。全国各省市均有草莓栽培，目前主产区是山东、辽宁、江苏、安徽、湖北、河北、浙江、四川、河南、湖南等省，长江流域以塑料大棚栽培为主，北方地区以日光温室和中大拱棚栽培为主，华南地区基本为露地栽培，基质栽培方式处于示范推广阶段。设施促成栽培使草莓采摘期大大延长，一般可从11月采收至翌年5月，北方的中小拱棚栽培实现了3月前后上市，华南地区的露地栽培上市时间为12月至翌年4月，北方露地栽培草莓上市期集中在5—6月。此外，部分冷凉地区可开展夏秋草莓生产，上市期为7—11月，栽培模式和地域气候条件的多样性使我国草莓鲜果基本实现了周年供应。

二、浙江草莓现状

浙江省草莓商品化生产始于20世纪80年代初，一些市县进行露地、小拱棚栽培，品种主要有"宝交早生"等，80年代后期引入"丰香"草莓和大棚双层保温促成栽培技术，使草莓供应期提前至12月，"大棚草莓—水稻"轮作模式成为当时高效农业的典范，并迅速在全省各地推广应用，至1996年，全省草莓大棚促成栽培快速发展，成为全国著名的设施草莓主产区。1996年引入"章姬"，2000年引入"红颊"品种，针对这两个优质大果型品种抗炭疽病能力差、育苗困难的瓶颈，开展技术攻关研究，掌握了草莓炭疽病防控"前促中控后稳"繁苗技术，推动了栽培品种的更新换代，2011年全省草莓栽培区由"红颊""章姬"替代了"丰香"草莓，期间建德、奉化等地莓农走向全国各地，开辟了异地种植草莓事业。2015年后更加注重草莓质量安全和多样化，应用设施草莓优质安全清洁生产技术和"越心"等特色品种，推动了草莓休闲观光业的发展。2017年提出了浙江省草莓产业"安全优先、品质至上、清洁管理、良好规范、农旅结合"的发展思路。

目前浙江草莓产业形成省内、省外种植两个板块和草莓苗、果品、观光采摘等三大产品。2018年全省种植草莓约15万亩,其中,省内种植面积9万亩,省外种植莓约6万亩;育苗面积约2万亩,总产值约50亿元。

浙江省内的草莓栽培面积趋于稳定,但栽培区域日趋扩大,全省各地均有栽培,当地生产就近销售成为主要方式。主栽品种有红颊、章姬、越心,还种植宁丰、天仙醉、小白、白雪公主、红玉、香野、圣诞红、香蕉草莓等特色品种。2 000亩以上的产地有建德、临海、富阳、金东、衢江、嘉善、慈溪、奉化、镇海等,草莓基本销往省内大中城市。

近年来,在省市农业主管部门支持和种植业主努力下,草莓小镇、草莓家庭农场的生产基础设施不断改善,全省高架基质栽培面积约1 000亩,新型职业生产群体不断壮大,设施草莓优质清洁生产技术、草莓生产地方标准、技术规程与模式图等推广应用,标准化生产技术水平进一步提高,有力促进了草莓产量品质的提升和地方特色的草莓品牌的创建。初步建立原种与生产苗的繁育技术体系,突破了"红颊"草莓育苗难的技术瓶颈,涌现了一大批育苗专业企业和大户,使浙江省成为全国重要的草莓苗繁育销售基地。

浙江省建德、奉化、新昌等地莓农敏锐地捕捉到草莓销售特性,发挥技术优势和创业精神,在江苏、上海、四川、贵州、湖北、陕西、福建、广东、江西、海南等18个省市就地种植销售草莓,年种植面积超过6万亩,不但增加了自身的经济收益,还带动了当地草莓产业发展。

第二章 效益分析

草莓色泽鲜艳、酸甜适口、香味浓郁、肉柔汁多、老幼皆宜，营养丰富，属高档营养型水果。草莓生产具有时间跨度大，技术环节多，果实不耐贮运等特点，存在着由自然条件及栽培措施等导致产量低的问题，以及品质、质量不符合市场需求而引起的销售不畅问题。农户应根据自己的生产水平、市场定位和销售能力，确定适当的种植规模。

一、经济价值

（一）食用价值

草莓色泽鲜艳、酸甜适口、香味浓郁、肉柔汁多、老幼皆宜，果实富含蛋白质、矿物质、维生素、多种氨基酸等，属高档营养型水果。据测定，每 100 克鲜果中含有蛋白质 0.4~1.0 克，果胶物质 1.0~1.7 克，糖 5~12 克，有机酸 0.6~1.6 克，脂肪 0.6 克，粗纤维 1.4 克，无机盐 0.6 克，维生素 C 50~120 毫克，维生素 B_1 0.02 毫克，维生素 B_2 0.02 毫克，胡萝卜素 0.01 毫克，烟酸 0.3 毫克，钙 31.2 毫克，磷 40.2 毫克，铁 1.08 毫克。草莓中的维生素 C 含量高，有"活维生素 C 结晶"之美称。草莓果汁中氨基酸丰富，主要是天门冬酰胺、丙氨酸、谷氨酸、天门冬氨酸。草莓的香味由一些挥发性物质组成，草莓的特殊香型深受人们喜爱。

（二）经济效益

草莓是一种适应性广、周期短、见效快、效益高的经济作物，适于多种栽培方式和方法，又宜与其他作物间套轮作，可充分发挥冬闲土地和冬闲劳动力的作用，增加农民的经济收入。

设施草莓收获期为冬春季，是冬春季少有的时令水果，深受消费者青睐，竞争优势明显，销售价格高，同时正好赶上元旦、春节、妇女节、清明踏青等节假日，草莓观光采摘活动已成为时尚和文化，促进了乡村一、三产业的融合发展，经济社会效益明显。据奉化区农业技术服务总站 2011—2019 年对该区典型农户大棚草莓生产调查：平均亩产值为 2.87 万元，其中有 5 年平均亩产值在 3.0 万元以上，最高的 2018 年达 3.37 万元，最低的 2012 年为 2.02 万元。

二、投入与产出

（一）草莓生产周期

在长江流域，草莓生产主要采用塑料大棚促成栽培方式，使用浅休眠品种（一季性品种），采用塑料大棚创造适于草莓冬季继续生长的条件和配套技术，使草莓提前上市，在浙江省气候条件下，果实收获期为 11 月至翌年 5 月。花芽分化诱导和抑制休眠是设施草莓栽培的要点。

要在 7—10 月收获草莓果实，一般会使用四季草莓品种（长日照条件下可开花结果，又称日中性品种）在夏季冷凉地区栽培。

在草莓生产实践上，通常划分成草莓苗繁育和大棚草莓生产，育苗季为 3 月中下旬母苗定植至 9 月上中旬大棚草莓定植；大棚草莓生产季为 9 月上中旬至翌年 5 月上旬。

3 月气温回暖，日照变长，草莓植株从生殖生长过渡到营养生长，匍匐茎开始抽生，5—6 月是草莓苗主要繁殖季节，7—8 月是草莓苗培育季，8 月下旬（立秋）后日照变短，气温下降，草莓植株从营养生长进入生殖生长（花芽分化）。

8 月应做好草莓种植前准备工作，9 月定植，种植成活后，根系伸长，植株体长大，顶花芽发育，至10月中下旬至11月上旬开花，此时气温下降、日照变短，草莓植株会进入自发休眠期，需要盖膜保温，一些品种甚至需要喷赤霉素、补光等防止进入休眠，维持长势，11月下旬至12月顶花序果实陆续成熟，冬季气温进一步降低，植株叶柄变短、叶片变小，在半休眠状态持续生长，3月气温回升，草莓生长加快，植株变得高大，第三、第四花序相继开花结果，果实成熟期变短。

如果气象条件正常和管理得当，大棚草莓植株会连续开花结果，早熟品种顶花序11月下旬至12月始采，第二花序翌年2月上中旬始采，第三花序3月中下旬始采，第四花序4月中下旬始采，一般收到5月上旬。

（二）生产成本与产出

设施草莓生产投入主要包括大棚设施和生产资料、人工等，单体大棚土壤栽培方式，1亩单体大棚投入1万~1.5万元，年生产性成本1.2万~1.6万元，其中6 000株苗约0.3万元，薄膜、肥料、农药约0.3万元，人工费0.6万~1万元。若是连栋温室立架基质栽培方式，1亩设施包括温室、立架、基质、滴管系统、加温设备等一次性投入12万~15万元，年生产性成本与单体大棚土壤栽培方式相近，优点在于不用弯腰作业，减轻劳动强度。

亩产值＝产量×价格，产量高、销售价格高，产值自然就高。产量受品种、气象条件和栽培管理等影响，浙江省"红颊"草莓每亩产量1 200~2 000千克，价格受品质、市场供应量、销售渠道等影响，尤其是销售方式不同，价格差异较大，据调查批发销售的产值2万~3万元，自行批发、就近销售的产值3万~4万元，采摘、配送销售的产值5万元以上，高的达到8万元。但是采摘、配送销售的方式，对生产环境和种植水平要求也高，投入也会增加一些。

草莓生产若既育苗又种植，3—4月还在管理生产大棚，又要种植母苗，劳动强度非常高，草莓采摘、分级、装箱相当费工，家庭夫妇二人一般能管理3~5亩的规模，5亩以上需要雇工。采用何种栽培方式和经营多大规模，须综合考虑市场定位、销售渠道和技术管理能力等多种因素，以销定产逐步扩大规模是比较稳妥的做法。

三、市场前景及风险防范

（一）市场前景

草莓商品规模化栽培已有 30 多年时间了，草莓营养价值得到认可，上市时间正巧赴上多个节日消费高峰，全国草莓面积从 1985 年的不足 5 万亩，快速发展到 2017 年的 230 余万亩，在东部地区生产面积趋于相对稳定，在西部和西北部地区栽培面积还在增加，特别是夏季冷凉地区的四季草莓栽培正在扩大，从全球范围看我国草莓面积和产量均约占 40%，总量基本能满足市场需求。

浙江省草莓种植面积近年来基本稳定在 8 万~9 万亩，产量 12 万~13 万吨。从市场供需关系看，高品质草莓供给量不足，早期 12 月至翌年 2 月间的产量还是不能满足市场需求，4 月由于口感下降，产量高，消费欲望变弱，会出现相对过剩现象。随着经济发展、消费升级，草莓高端品和精品有相当大的发展空间，应根据自己的生产水平、种植规模、市场定位和销售能力，满足不同层级的消费群。立足省内市场，积极拓展省外、东南亚等地的高端市场。

日本草莓产量在 1950 年后逐年增加，1988 年达到高峰为 21.9 万吨，随后逐渐减少，2014 年的产量为 16.4 万吨，夏季草莓（6—11 月）年进口量约 3 000 吨，主要原因在于消费者购买量和购买额减少。近几年日本研发白色草莓也是为了增强吸引力，

增加消费。

（二）风险防范

设施草莓生产具有时间跨度大、历经秋冬春三个季节，技术环节多且复杂，果实不耐贮运等特点，存在着由土壤、天气、病虫害、栽培措施等导致产量低的问题，以及品质、质量不符合市场需求而引起的销售不畅问题。

1. 环境、栽培

草莓根系浅、分布在 30 厘米以内，适宜微酸性土壤，pH 值 6.0~6.5，对水分要求较高，要做好水源准备工作。在人为可以控制情况下，要做好防冻、防雪、防涝等工作，减轻恶劣天气带来的产量损失。

首先要培育或选择无病壮苗，做好土壤消毒工作，这两点对保证产量是至关重要的。避免肥害、除草剂害、药害等操作不当引起的低级错误。若能做到草莓植株营养生长与开花结果平衡，做好病虫害的防控，基本上能达到正常产量。

2. 质量、品质

草莓果实无外果皮包裹，消费者非常关注草莓质量安全问题，一旦出现质量问题，都会影响到消费者的购买欲望。质量安全问题是指农残、重金属和卫生指标达不到国家规定的标准，因此在生产过程中要科学合理使用农药、植物生长调节剂、肥料（叶面肥）等化学投入品，多应用生物、物理防控措施，提高质量安全水平。

每个区域的消费者都有着其独特的口感偏好，而且还有品种适应性问题。每年都会有新品种推出，应少量引种试种，经消费者、经销商和自己种植等多方面评价，然后决定是否扩大该品种栽培规模。

3. 保鲜、贮运

草莓为采后即食的时鲜型水果，成熟后果实极易碰伤，保鲜期不长。远距离运输销售，要把控好采收成熟度和采摘时间，温度较高时采后宜预冷降低温度，在 5℃ 条件下预冷 4~6 小时，可以提高果实硬度。并事先做好防震、包装设备，优选快递运输、冷藏车运输，提高保鲜效果，确保草莓果品的新鲜度。

4. 生产规模

生产规模指两个层面，一是全省生产规模和总产量要与市场的需求量或者销售能力相一致，产能过剩一般都会致使价格下跌。从近年的价格走势看，现有的规模还是比较适宜；二是指个体种植规模，要与自己的种植管理水平、销售能力、劳动力、资金流等一致，保持获利能力。适度规模经营是今后草莓产业发展的一个方向，要立足优质化、多样化的市场需求，注重草莓品质产量，加快省工省力、智能控制等设施设备在草莓生产上的应用，向二、三产业延伸，形成生产、加工、销售、服务一体化的完整产业链，打造品牌，注重客户关系的建立，推进线上线下融合发展，实现草莓产业闭环式的发展，就能增大利益空间。

第三章 关键技术

　　草莓种植的关键技术可以分为产前、产中和产后三个阶段，产前技术主要是选择相应的种植品种；产中技术主要是草莓育苗、土肥管理、定植管理、生长期管理、开花结果期管理、草莓高架基质栽培、草莓质量安全与病虫害绿色防控；产后技术主要是采收与贮运和产品加工。

一、品种选择

（一）选择原则

草莓品种繁多，特性各异，各品种适栽地区和适栽方式的专一性较强。因此，根据市场定位，有目标地选择适宜当地条件的市场适销品种，是草莓栽培中重要的一环。品种选择概括起来就是好卖（外观美、口感好、货架期长），好种（抗性强、产量高）这二点。

1. 根据市场定位选择

以观光采摘、就近销售为主的种植园，品种可以多样化，不同熟期、颜色、风味的品种相互搭配；而市场批发为主，应选择市场广泛接受的品种为主，栽培品种不宜过多。

2. 根据地域条件选择

促成栽培的宜选花芽分化容易、休眠浅的品种，半促成栽培的则宜选休眠中等的品种，露地栽培的宜选休眠深的品种。浙江草莓都是以鲜食为主的设施促成栽培，要选择花芽分化容易、休眠浅的品种。

土壤偏碱性地区，要选择较耐盐碱品种。浙江省冬季阴雨天气较多，要注重品种抗灰霉病的特性。

3. 根据管理水平选择

草莓品种性状一般分为果实外观品质、内在品质、贮运性（货架期）、熟期、产量、抗病虫性、匍匐茎子苗发生和栽培特性等，一个品种栽培难易程度主要体现在第二花序花芽分化对肥水、温度的敏感程度和病虫抗性这两个方面。若是第二花序分化条件要求严格，那么，定植时间、肥水管理、保温时间等管理要求比较高，必须从土壤、肥水、温度等综合协调，做到植株营养生长与生殖生长平衡。病虫抗性弱的品种，需要很高的病虫害综合防控技术水平，仅仅病虫种类和农药使用知识的掌握，就需要时间和经验积累。初种植者在有选择情况下，可以选择栽培管理相对容易的品种。

其实，从生产层面讲，品种只有适合与不适合之分，从今后消费需求看，应注重口感好、开花结果期抗病虫强的品种。

（二）主要品种

1.红颊

1996年日本静冈县农业试验场以"章姬"为母本，"幸香"为父本杂交育成，2000年引入浙江省（图3-1）。

图3-1　红颊

该品种植株直立高大，长势强，休眠较浅。花茎粗壮，花茎数和花量中等，花粉偏少，遇不良气候和传粉媒介少时易产生畸形果。果实圆锥形，红色，富有光泽，第一花序顶果45克以上，前3只果平均单果重30克左右，高级次花的果实偏小；酸甜适口，可溶性固形物含量9.4%~14.5%，果实硬度中等，贮运性较好。12月上中旬有少量果实上市，连续结果性强，每亩栽苗5 500株左右，产量1 500~2 000千克。耐白粉病能力较强，育苗期高感炭疽病，结果期易感灰霉病。

2. 章姬

1992年日本静冈县萩原章弘以"久能早生"为母本,"女峰"为父本杂交育成,1996年引入浙江省(图3-2)。

图3-2 章姬

该品种休眠期浅,植株健旺,直立高大,腋芽分生能力强,繁育子株能力强。花茎长,粗壮,大棚栽培不需使用赤霉素。果实大,长圆锥形,果实整齐,畸形果少;可溶性固形物含量9%～14%;11月下旬有少量果实上市,果实七成熟即可采收,果实完全成熟风味最佳,但果实完熟易软化,保鲜性能差,适宜近距离运销。第一花序顶端果最大果重50克以上,平均单果重20克,单株产量425克,每亩栽苗5 500株左右,产量1 500～2 000千克。较抗灰霉病和黄萎病,对炭疽病、白粉病、蚜虫抗性弱。

3. 越心

由浙江省农业科学院园艺研究所以"03-6-2"(Camorasa×章姬)为母本与"幸香"杂交育成,2014年通过浙江省审定(图3-3)。

图3-3 越心

该品种浅休眠，植株生长势中等，株型直立，株高约22厘米，匍匐茎抽生能力强；果形中等大小，一级果平均果重33克，最大果重61克，果形呈短圆锥形或球形，果面平整，橙红，着色均匀，种子微凹；可溶性固形物8.6%~15.2%，风味佳，甜酸适口、香味诱人。早熟品种，花芽分化早，8月底至9月初定植，移栽后植株抽生2个或3个侧枝，始花期10月中下旬，始采期11月下旬，耐低温弱光，连续结果能力强，丰产性好，每亩栽6 500株，产量1 500~2 100千克。较抗炭疽病、灰霉病、白粉病和蚜虫，易感叶螨。

4. 小白

小白是红颊组培苗变异株选育而成的草莓新品种，由北京市密云区农民李健发现，2014年8月通过北京市鉴定（图3-4）。

该品种植株生长习性、育苗特性与红颊相似。植株直立高大，长势强，浅休眠。果实长圆锥形，大果型，一级果序平均单果重41.2克，表皮白色至浅红色，具有光泽，果肉白色，内部无空洞，肉质细腻，味甜酸度低，可溶性固形物9.8%~13.8%，具有特殊香味，果实

图3-4 小白

前期12月至翌年3月为白色或淡粉色，4月以后随着温度升高和光线增强会转为粉色，果肉为纯白色或淡黄色，较红颊软。每亩产量1500~2000千克。对主要病虫害抗性与红颊相似，对蚜虫抗性较红颊弱。

5. 宁丰

江苏省农业科学院园艺研究所2005年以"达赛莱克特"为母本，"丰香"为父本进行杂交选育，2010年通过江苏省审定（图3-5）。

该品种休眠期浅，植株半直立，叶片肥厚，长势旺；匍匐茎浅红色，繁育能力强，夏

图3-5 宁丰

季育苗叶片表现反卷。果实大、呈圆锥形，果面平整，红色，色泽均匀，光泽度强，遇极端低温天气，加强保温预防青头；果肉橙红，光照足气温较高时风味甜香，可溶性固形物平均为9.8%。平均单果重16.51克，耐贮运性好。该品种适应性强，适宜9月上旬定植，连续开花坐果性强，性状稳定，丰产，11月下旬果实成熟少量上市，早期产量高，每亩栽6 000株，产量在2 500~3 000千克，较抗炭疽病、白粉病。

6. 天仙醉

天仙醉属早熟品种（图3-6），浅休眠；植株生长势强，株型紧凑，株高约22厘米，株冠30厘米×25厘米，匍匐茎抽生能力强。花茎长20~25厘米，花序抽生多，各花序连续抽生。果形大，畸形果极少；最大单果重可达76克；果形长圆锥形、美观，果面平整，鲜红，种子微凹、分布均匀；果肉白色，质地与章姬相当，甜酸适口，风味不及红颜。贮运性能中等。9月上旬定植，每亩栽6 000株左右，丰产性能好，产量2 500~3 000千克。抗炭疽病、灰霉病，中感白粉病。

图3-6　天仙醉

7. 白雪公主

北京市农林科学院林业果树研究所培育的品种（图3-7）。

图3-7　白雪公主

该品种株型小，生长势中等偏弱，株高15厘米左右；匍匐茎繁殖能力强；果实较大，最大单果重可达48克，平均单果重13克左右；果实圆锥形或楔形，果面白色，果实光泽强，种子红色，平于果面，阴雨天气较多情况下，果实蒂部绿色；果肉白色，果心色白，果实空洞小；可溶性固形物9%~11%，风味独特。1月上旬果品上市。每亩栽7 000株，产量1 000~1 500千克。抗白粉病能力强。

8. 香野

香野又名隋珠，2004年由日本三重县培育系统"0028401"和"0023001"杂交选育而成（图3-8）。

香野属极早熟品种，11月上中旬可上市。植株长势极强，株高25~30厘米，较红颜和章姬高；叶片厚大，颜色较浅；果实大，第一、第二级序果平均单果重40克，果实圆锥形，橙红色，种籽稍突，

图3-8　香野

果肉为白色至淡黄色，有空洞，果肉细润绵甜，可溶性固形物含量8.5%～12.5%，入口清爽怡人，甘甜中带有香气，果皮硬度高于章姬；花芽分化容易，连续开花结果能力强，低温阴雨天气多的情况下，容易产生畸形果，每亩产量2 500～3 000千克。抗病性显著优于其他品种，对炭疽病、白粉病有非常强的耐病性。

9. 越秀

浙江省农业科学院园艺研究所以"颊丰"为母本与"越丽"杂交育成（图3-9）。

该品种中熟，12月下旬可上市。植株直立，长势强。果实圆锥形，果实大，多花枝、大果比例高，平均单果重22克，种子微凸或与果面齐平，果皮、果肉红色，肉质细腻多汁，酸甜可口，可溶性固形物含量平均9.3%～13.6%，风味接近红颊，果实硬度比红颊高，耐运输，货架期较长，果皮颜色不易发暗。每亩栽6 000株，产量1 800～2 200千克。较抗炭疽病、灰霉病和蚜虫。

图3-9 越秀

10. 红玉

杭州市农业科学院以"红颊"为母本、"甜查理"为父本杂交后再与"红颊"回交育成（图3-10）。

该品种植株生长势强，较直立，叶片厚，叶色浓绿，苗期遇高温老叶稍微向上卷曲，新叶正常；大棚栽培植株一般不需要掰分蘖，连续结果能力强，耐低温弱光，对土壤盐分敏感；果实长圆锥形或有颈形，红色，着色均匀味甜，风味好，大果有空心现象，可溶性固形物含量11%~12%。9月上旬定植，株距18~22厘米，10月中旬开花，花大、白色，花梗长，畸形果少，丰产性好，11月下旬采收，每亩产量2 500~3 000千克；苗期抗炭疽病，大棚栽培较抗灰霉病、白粉病。

11. 梦晶

宁波市农业科学院以"越心"为母本、"小白"为父本杂交育成的草莓优系（图3-11）。

该品种株型半直立，耐低温弱光，连续结果能力强，畸形果少。果实中大，短圆锥形，果面半红半白有光泽，糖度高，香味浓郁，口

图3-10 红玉

图3-11 梦晶

感爽滑水份足，货架期长。11月中下旬始采。每亩产量约1 500千克。大果率偏低，颜色不纯，适宜采摘和就近、自营销售。较抗白粉病、灰霉病和蚜虫，易感螨类。

二、育苗

（一）育苗的重要性

1. 质量要求

草莓苗质量在大棚草莓促成栽培中的重要性是不言而喻的，莓农中有"七分苗、三分管"之说。草莓栽培过程中虽说技术环节众多，管理细节也很重要，但优质草莓苗是前提。首先是种性好，开花结果正常，具有品种固有特性；第二是无病菌侵染，草莓苗感染了炭疽、根腐等病菌，就会导致定植成活率低；第三是苗要粗壮，细弱徒长苗定植后不容易成活；第四是定植时的草莓苗花芽分化状态要求处于生长点膨大期至萼片初期阶段，草莓苗未通过花芽分化或已在雄蕊形成期定植，都会影响草莓产量和种植效益。

草莓育苗主要目标：避免病虫的侵害，草莓苗要粗壮，整齐一致，起苗定植时已通过花芽分化，保证单位面积的产苗量。

2. 繁殖方法

草莓苗繁殖方法有分株繁殖、种子繁殖、组织培养繁殖和匍匐茎繁殖四种。

（1）分株繁殖。效率低，很少采用。

（2）种子繁殖。果实上采集的种子，其基因型高度分离，植株、果实等性状高度不一致，商品性差。只有种子型品种研发成功，才有可能应用，目前荷兰、日本研发了种子型品种。

（3）组织培养繁殖生产苗。成本高，一般只用于草莓苗脱毒。

（4）匍匐茎繁殖。草莓植株在高温、长日照、肥水充分的条件下会大量抽发匍匐茎，匍匐茎子苗长至2叶时会长出不定根，新根着地后就长成独立的草莓苗，一般一棵母株可繁殖30~100棵草莓苗。生产上通常采用匍匐茎繁殖法，一般要经过母苗定植、匍匐茎抽生、子苗培育和花芽分化促进等阶段。

（二）母苗培育

1.草莓脱毒种苗三级繁育体系

草莓苗在繁殖、种植过程中，会受到病毒的侵染，为害草莓的病毒病种类约20多种，主要有草莓镶脉病毒、草莓轻型黄边病毒、草莓斑驳病毒和草莓皱缩病毒等四种，单一种类病毒侵染，其症状不明显，只有2种或2种以上复合侵染时，才会引起果实变小、品质下降、产量减少，把这类情况归为"种性退化"。生产上主要通过培育脱毒种苗的方式克服病毒病的为害。

国际上通用的草莓脱毒种苗三级繁育体系指通过脱毒组织培养生成脱毒原原种苗，脱毒原原种苗在隔离条件下经匍匐茎增殖生成脱毒原种苗，脱毒原种苗在相对隔离条件下（远离草莓生产区，防止蚜虫传播）经匍匐茎增殖生成脱毒种苗，再由脱毒种苗（母苗）繁殖生产苗（图3-12）。

图3-12　脱毒单株培养

2.母苗培育与选用

考虑到草莓病毒的致病特性，母苗更新年份直接购买脱毒种苗；随后2~3年的母苗可以常规留存，在育苗地选取无病虫害的优质苗，假植越冬。

当前草莓生产中使用的母苗来源有以下五种（表3-1）。

表3-1 母苗培育流程

序号	种源	母苗培育流程	风险评估
1	脱毒种苗	脱毒单株—网室内隔离状态下自然增殖—隔离状态下自然增殖—母苗（约36个月）	国际上通常做法
2	脱毒组培扩繁苗	脱毒组培—实验室扩繁—移栽—母苗约12个月	病菌少，长势旺；有可能带入变异株
3	育苗圃留存	育苗圃选取无病害草莓苗，或育苗圃起苗后留存的小苗在9月下旬至10月假植无病菌土或基质中，越冬	病菌潜在感染
4	种植圃匍匐茎苗留存	种植圃中，留取定植株抽生的匍匐茎苗，11月假植在基质或无病菌土，越冬	病菌潜在感染
5	生产株提纯复壮留存	在种植圃中选取好的植株作母株	病菌虫带入

（1）脱毒种苗。从专业单位公司购买，建立起完整系统的脱毒种苗繁殖体系需要资金、设施、技术和时间的投入，国内已有企业开始从事此项目，也有从国外直接购入脱毒原种苗，自然繁殖后销售脱毒种苗。

（2）脱毒组培扩繁苗（图3-13、图3-14、图3-15）。目前多数企业做的是脱毒组培扩繁苗，在克服草莓病毒病积累蔓延方面起到了积极作用。建议生产脱毒组培扩繁苗单位须在草莓苗充分长大后出

图3-13 组培苗

图3-14　组培苗移栽

图3-15　组培苗出圃

圃，至少可以剔除植物学性状异常植株，育苗户最好是用来繁殖第二年的母苗。

（3）母苗留存方法。母苗留存方法有育苗圃留存、种植圃匍匐茎苗留存和生产株留存等三种，推荐采用育苗圃留存法（专用母苗培育育法），重点做好炭疽病、枯萎病等防治。生产株留存法可用于提纯复壮，选取性状表现特别好的植株，风险是病菌虫容易带入育苗圃。

专用母苗可在上年秋季选择生长健康苗，按 15 厘米 × 15 厘米的行株距，定植于母苗园中培育越冬。种植母苗的场所应选排灌方便、避风向阳、土壤疏松的园地为宜，使母株安全越冬。翌年 3—4 月移植母株时，再次进行选择生长健壮者作母苗，严格剔除有大小复叶（已感染黄萎病）及叶片过小的植株。母苗定植后，如发现生长不正常时，还需及早去除。

（三）大田育苗

1. 草莓苗"前促中控后稳"炭疽病防控繁育技术体系

炭疽病的病原菌主要是胶胞炭疽菌和草莓炭疽菌，主要来自潜在感染的母苗、土中发病植株的残渣，以及周边仙客来的炭疽病菌和田埂边枯萎杂草，该病菌喜好高温高湿，平均气温 20℃时菌丝生长，平均气温 28℃时生长最快，潜在感染的母株会最早发病，病斑上会生成孢子，通过风或雨水、浇水的水滴飞溅扩散蔓延，草莓苗越密，通风条件越差；强风大雨既造成植株损伤又增加湿度，为害加重。

大田育苗，防控炭疽病的要点是选好苗地和母苗，减少病菌源；适时适度"压苗"，提高植株抗性；及时足量喷药，控制发病、蔓延。草莓炭疽病防控"前促中控后育"育苗技术体系，指通过增加母苗数、早栽母苗等促进匍匐茎子苗抽生，保证 7 月上中旬前有足够的子苗数，6 月下旬至 7 月上旬始，苗地使用三唑类农药等适度抑制草莓苗生长，避免徒长，提高植株抗性，8 月上旬做好子苗培育，促进花芽分化，整个繁育过程注重炭疽病的化学防控。草莓炭疽病菌能感染植株的小叶、叶柄、匍匐茎和短缩茎等所有部位，发病情况，与品种有很大关系，感炭疽病品种如红颜、章姬容易发病，还与天气情况密切关联，雷阵雨多或持续雨天都会加重病害发生，因此，即便采用严格的管理方式，大田育苗条件下还是无法保证草莓苗不受炭疽病侵染。

2. 育苗地选择与准备

育苗地土壤条件、母苗、病害防控和子苗状态调整列为育苗成功四个关键。育苗地应选择土壤疏松肥沃、排灌方便，3~5年内未种植过草莓的地块，尤以水稻田为宜，不宜选择冷水田、前茬用了残留期长的除草剂和碱性过重的田块。但转地育苗，带来了许多不便，若是育苗地各项条件都不错的话，可以尝试在起苗后，对育苗地进行淹水处理，接着采用98%棉隆微粒剂进行熏蒸消毒，施用有机肥进行改良，翌年再育苗。

每亩施1 000千克有机肥翻耕、过冬。开春后施15~20千克三元复合肥，苗地按畦面宽1.5~2米、沟宽30厘米、沟深30厘米整地做畦，苗地四周开深沟，沟深40厘米，畦沟要求排水通畅，雨停后不积水（图3-16）。

定植前5~7天喷除草剂封草，每亩可用33%二甲戊（乐）灵乳油120~150毫升，或用50%丁草胺乳油90~120毫升对水45千克喷雾苗床，如苗床已有小草，可加20%敌草快水剂

图3-16 育苗地准备

50~70毫升（防除阔叶草）和5%精禾草克乳油100毫升或108克/升高效盖草能乳油60毫升（防除禾本科杂草）对水45千克进行封杀。施用时要注意土壤湿润才有效果，不漏喷、不重喷，两种除草剂混合使用时，用量减半。

3. 母苗定植

母苗的定植时间和株数依据品种匍匐茎抽生特性、母苗类型、育苗地点气候情况和准备起苗时间等而定，浙江7月就进入高温干旱季节，同时考虑到子苗生长发育天数不要少于55天，所以，母苗定植

时间一般在3月中下旬至4月上旬，在畦侧单行、双行或畦中间单行，每亩栽母苗800~1 200株，定植后浇足定根水。可在定植后10天、30天浇精甲霜灵或克菌丹＋恶霉灵，加促根液肥，每株浇液150毫升，防治根腐病，促进生根（图3-17）。

4. 母株培养

在母苗定植后一个多月的时间，即4月上旬至5月上旬是母株培育阶段，重点是把母株培养健壮（图3-18）。主要管理措施有：及时摘除母株花茎，摘除细弱匍匐茎，减少养分消耗。如果遇上短期高温，原先感染病菌的母株会发病枯萎，要及时挖除发病株和生长不正常植株，不留残渣，用药水浇灌种植穴周围。及时松土、除草，可以采用母株覆盖法进行化学除草，防除禾本科杂草，每亩用5%精禾草克乳油100毫升对水45千克；防除阔叶草，每亩用160克/升甜菜安·宁乳油100毫升对水45千克，对准杂草喷雾。加强肥水管理，

图3-17　母苗定植

图3-18　母株培养

促进母株生长，浇水或灌水，保持母株周围土壤湿润；把握薄肥勤施原则，间隔10~15天追肥1次，每次每株浇施浓度为0.3%高氮型三元复合肥肥液250~500毫升。适时防治炭疽病、白粉病、蓟马和蚜虫等。风大气温低的地方育苗，在早期可考虑搭小弓棚。

5. 子苗繁殖

目前生产上栽培的品种休眠都比较浅，从春季至秋季都会抽发匍匐茎，一般从母株抽生匍匐茎主要在5月中旬至6月上旬，由子苗再次抽生匍匐茎苗集中在6月上中旬至7月上旬的"梅雨季"，此期气温高、日照长、雨水多，最适合草莓子苗繁殖（图3-19）。主要管理措施有：开始阶段从母株抽生匍匐茎时要及时疏导和引压，在苗床均匀摆放，如果挤在一起，容易引起徒长。间隔10~15天追肥1次，每次每亩施三元复合肥5~10千克，以对水浇施，肥液浓度在0.3%为宜。

图3-19 子苗繁殖

重点防控炭疽病、叶斑病、根腐病等，尽量做到不发病，及时清除病株。可结合喷药，添加芸苔素内酯＋磷酸二氢钾等可健壮子苗；另一方面，必须做好各种病害的预防工作，避免使用单一农药，否则容易产生抗药性。叶斑病有真菌性和细菌性之分，在雨水较多、湿度比较大的时段，要喷施防治细菌性病害的农药如噻菌铜、噻唑锌、中生菌素等。此阶段可选择防效高的预防类农药如代森锰锌、丙森锌、咪鲜胺、嘧菌酯等，使用三唑类农药时注意药剂浓度不能过高，避免抑制匍匐茎子苗发生。一般每周用药一次，雨后要及时喷药一次，喷药一定要仔细、全面、要打透。往往由于少部分草莓苗没有喷上药，结果草莓苗感染病菌成为发病中心，然后传播蔓延。

6. 子苗控苗

看苗情，进行"压苗"处理，目的是保持苗地通风透光，促进草莓植株粗壮，提高抗性。一般在6月下旬至7月上旬，每平方米子苗达到60~70株时，可以通过喷施三唑类农药或者植物生长调节剂等使植株矮壮，叶片增厚，药剂可选用75%拿敌稳水分散粒剂3 000倍液，或用12.5%烯唑醇可湿性粉剂2 000倍液，或用430克/升戊唑醇悬浮剂4 000倍液，根据苗长势情况，一旦长出新叶后，可再次使用控苗措施。8月中旬后停止使用三唑类药剂（图3-20、图3-21）。

图3-20　三唑类控苗

摘除母株上的部分叶片，留出空间。一般在晴天可按留"三叶一心"整理子苗，有空间可压入一些没扎根的子苗（俗称"浮苗"），摘除多余的"浮苗"和匍匐茎，保持一定的通透性，保证药水可以喷淋到根茎部。

图3-21 母株摘叶

7—8月高温干旱季节，苗地适当干燥也是抑制草莓苗徒长方法之一，同时利用高温可以杀死白粉病孢子，阻断白粉病孢子带入种植圃。但一旦持续干旱引起草莓苗缺水萎蔫，就需要灌水，灌水应在夜间进行沟灌，掌握"凉时、凉地、凉水"，切忌中午灌水和大水漫灌，以沟深的1/2~2/3积水为度，滞水2~4小时，使土壤湿润，及时排水（俗称"跑马水"）。

7. 花芽分化

8月中旬以后，草莓苗进入培育、花芽分化促进阶段，育苗地管理要点一般是停止施肥，整理植株叶片，适当"放苗"，为促进草莓苗进入花芽分化，调节植株生理状态，提高对环境条件变化的感受度，但还是要做好"压苗"，只不过是在防治草莓炭疽病用药上减少使用三唑类农药或降低其浓度，避免草莓苗长得过高。若需要适当推迟花芽分化或避免断心株发生，可采用浇施液肥等措施，适当提高草莓植株体氮素水平。

从匍匐茎子苗生成开始，草莓苗短缩茎的生长点一直是长叶原基，到晚夏初秋气温下降，日照变短条件下，经过一段时间，生长点变成花芽组织，生长点膨大肥厚，这个时期称为花芽分化期，之后肥厚部分产生裂沟，这个阶段称为花序分化始期（花芽发育始期）。在解剖镜下观察，生长点肥厚早期与未分化期（叶芽组织）的形态差异比较小，很可能判断错误，实践上将肥厚期至花序分化始期作镜检更为精准一些。在花芽分化期之前，从叶芽变成花芽期间存在着花芽生理分化期（成花诱导期），一直认为是成花物质逐渐积累过程，这个过程还会受外界因子变化（如高温、长日照、多氮、多水）而发生逆转（图3-22）。

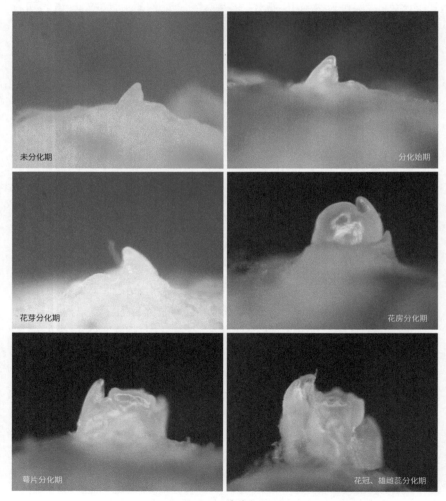

图3-22　花芽分化

草莓促成栽培技术体系中，草莓苗花芽分化是个非常重要的节点，花芽分化后的植株越是延迟定植，就会出现花朵数减少、果实变小的情况，特别是在土壤肥力低的育苗地，穴盘基质育苗情况下更严重。在未分化期定植，容易导致开花不整齐，甚至开花延后。花芽分化开始后马上定植最为合适。

草莓苗花芽分化日期与品种、苗体状态和环境条件密切相关，是三方面综合作用的结果。首先是品种的差别，在相同条件下，一些品种花芽分化比较早，一些品种比较迟，在浙江中北部土壤无假植育苗情况下，香野在8月底，越心、宁玉、章姬约在9月4日，红颊约在9月7日可见生长点膨大（表3-2）。第二是草莓苗植株状态对环境条件变化感受度的差异。植株徒长、碳水化合物积累少、氮素含量高，就不易成花芽。尽量在7月中旬（出梅）之前完成子苗的增殖，采用"压苗"措施使草莓苗粗壮，8月上旬后停止施用氮肥，保持4片叶等措施能促进成花诱导。同个地点营养钵（穴盘）育苗，一般会比土壤育苗提早一些，原因在于穴盘育苗，肥水更容易调控，植株体氮含量容易降低。第三是育苗地点的自然条件及其变化对草莓成花诱导的影响，低温短日照肯定是促进花芽分化的，从现有一季草莓品种反应看，夜温25℃左右及开始低于25℃时，日照长度会左右成花诱导，13小时15分可能是个比较重要的节点，相同日长条件下气温越低、花芽分化越早，在大田育苗情况下要人为降温或缩短日照长度是比较困难的，根据成花早晚需要，可以选择不同地理位置或者小气候地点，如山谷地带或高海拔地方育苗，但要注意土壤肥力和灌水条件。

表3-2　不同品种草莓苗花芽分化期观察（2012年，浙江海宁杨渡）

品种	8月30日(%)	9月1日(%)	9月3日(%)	9月5日(%)	9月7日(%)
越丽	0	10	30	60	60
红颊	0	0	20	40	60
宁玉	0	20	90	100	100
章姬	0	20	60	80	80
越心	0	20	20	60	80

8. 假植

假植可以培育整齐壮苗，促进花芽分化，提高种植成活率，开花结果基本一致，提高草莓早期产量。假植期以 30~60 天为宜，超过 60 天易养成老化苗。但是，由于花费人工，而且高温期假植成活率偏低，目前生产上应用不多。如果对于种植花芽分化略迟的品种，或者要避开 9 月上旬高温期，又想提早采果，采用假植育苗方式还是有一定意义的。

假植苗培育园宜选肥力中等、土壤疏松、排灌方便、无病虫害的地块，最稳妥的是事先做好土壤消毒。做成畦宽 1.2 米、沟深 30 厘米，不用施基肥。假植一般在草莓定植前一个月进行，一般在 8 月上中旬。宜选用具 2~3 张展开叶，已扎根无病的子苗为好。若苗源不足时，也可采具 3~4 张展开叶、已扎根的苗，按株行距 15 厘米 × 15 厘米假植，在阴天或傍晚移栽，必须要盖好遮阳网，而且边移栽边浇水。待苗成活后，除去遮阳网。可以浇施磷、钾肥，促进根系生长。一般保持 4 片叶为宜。并做好病虫害防治（图 3-23）。

图3-23　草莓苗假植

9. 质量指标

生产苗粗度和生长发育天数会影响到第一花序果实始采期和前期产量（2月底前），前期草莓价格高，以前期产量作为重要的考量指标，根颈部粗度10毫米、8毫米的生产苗始采期和前期产量的表现差异不明显，6~8毫米的只是采果始期要迟点，6毫米以下生产苗的前期产量明显少，但生产季总产量相近（图3-24）。草莓子苗自匍匐茎苗着地开始计生长发育天数，大于115天的生产苗，根系褐化比较严重；少于55天的，主要是发育天数短，自然条件花芽分化稍迟，前期产量偏少，所以子苗生长发育天数设定在55~105天。基于大田育苗实际，将草莓生产苗质量等级分为一级、二级（表3-3），推荐种植一级生产苗。

图3-24　草莓苗形态

表3-3　草莓生产苗的质量指标

等级	根颈粗（毫米）	苗龄（天）	叶数（张）	叶柄长（厘米）	根系	花芽分化状态	病虫害
一级	≥8.0	55~105	4~5	10~12	发达	膨大至萼片初期	无
二级	≥6.0						

10. 起苗调运

起苗前最好进行花芽分化镜检，有60%以上草莓苗进入花芽形态分化时起苗，起苗前2~3天，苗地要全面防治炭疽病、白粉病、蚜虫、螨类和蓟马等病虫害。

草莓苗在起苗、运输和种植时非常容易发生发热和失水情况，会使草莓苗体内酶失去活性，这类苗在定植后不太会长新根，所以，起苗期间以50~100株每捆，用箱装或框装，要快速集放在荫凉处，起苗后及时调运或冷藏，冷库温度设置为8~12℃（图3-25），整个过程都应做好降温和根部保湿，防止草莓苗发热和失水凋萎。长距离运输时应使用冷藏车，温度设置为5℃左右。

图3-25　苗预冷

（四）基质育苗

为了克服炭疽病为害，方便促进花芽分化和有利于缩短定植缓苗期，近年来许多地方相继开展了在避雨设施下穴盘、营养钵、锥钵、"U"形槽等基质育苗，以穴盘苗较普遍。基质育苗主要分为引插和扦插二种方式。引插指先把匍匐茎子苗插入穴盘基质内，等子苗成为独立个体苗后，再切断与母株的连接。扦插指把二叶以上的匍匐茎子苗从母株上剪下，插入穴盘基质。二者比较，在浙江高温高湿气候条件下，引插成活率高。

1. 设施与资材

（1）设置方式。基质育苗一般在避雨棚内进行，用水量大，水源非常重要，要求干净、充足。设置方式有着地和离地床架两种，着地方式要求地块平整，先铺薄膜进行隔离土壤，再铺一层透水防根的园艺地布或者土公布，然后在地布上撒2厘米厚的基质或清洁沙，最后放置穴盘或营养钵，保水性好，但弯腰操作，劳动强度大。离地床架设置在高度70~80厘米，操作省力，但穴盘基质失水快，投入相对增加。从后期温度、水分管理角度看，着地方式相对容易管理。

（2）母株种植方式。母株种植采用花盆、栽培槽。采用底部带有排水槽，长62厘米，宽22厘米，高17厘米的花盆，母株秋栽，种3株，母株春栽，可以种5~6株。采用园艺地布或土公布的栽培槽，宽25厘米左右，深17厘米左右，母株株距20厘米左右。

母株采用营养液管理，A液20-20-20+TE或高氮型，B液12-4-14-6Ca-3Mg+TE等类型水溶性肥料，母株营养液EC1.0ms/厘米左右。也可以施用三元复合肥，少量多次，只要保证母株健壮。

（3）穴盘或营养钵类型。山崎等（2008）将35穴的穴盘（110毫升）到12厘米的聚乙烯营养钵（650毫升）等不同容积培育的草莓苗进行定植后，对顶花序的产量进行了调查，发现基质容量越大产量不一定越高，从实用角度（基质成本和单位面积放置苗数）看，使用24孔的穴盘（160毫升）或9厘米的营养钵（250毫升）足够。现在普遍使用带槽沟的24穴、16穴的穴盘、孔径5厘米、高15厘米的锥体（120毫升）、35穴的穴盘（110毫升）。

（4）育苗基质。育苗基质要求通气性好，容易进行肥水管理。目前市场有专用育苗基质销售，也可以自行配制，资材有泥炭、椰糠、珍珠岩、蛭石、炭化稻壳、树皮等。椰糠须脱盐，要通过清水淋洗，配制基质EC为0.4以下，如泥炭（5份）、椰糠（4份）、珍珠岩（1份）。

2. 育苗方式

（1）温度对基质育苗成活和质量影响最大，高温不利于长新根，基质温度30℃以上发根难，基质温度20℃左右适宜生根。高温容易诱发炭疽病，同时还加速根系老化。从温度的影响看，春暖夏冷凉地区或者夏冷凉地区更适合开展基质育苗，育苗时间更有弹性，管理难度相对下降。

（2）引插育苗。浙江气候条件下，7月进入高温期，长根困难，所以，恰当的处理方式是在"出梅"前能长好根系，适宜的引插时间在6月中下旬。一个花盆（长62厘米）的母株要抽生约100株匍匐茎子苗，需要根据不同品种匍匐茎抽生特性进行安排，若少的话，可以将第一棵子苗先入穴盘进行发苗（图3-26、图3-27）。

（3）扦插育苗。匍匐茎子苗的来源一般有2个途径，一是搭建1.8米高的栽培架，使用专用母株，抽生匍匐茎子苗。二是利用立架栽培的草莓株，当季（5月）草莓收获结束后，整理植株，继续肥水管理，可以抽生大量匍匐茎子苗。选在"梅雨季"进行采苗扦插，保留母株侧2~3厘米匍匐茎轴剪下子苗，剪下的子苗浸入水中保湿，扦插后要充分灌水，盖遮阳网一周左右，保证扦插苗在"梅雨季"结束前发根成活（图3-28、图3-29）。在扦插前用杀虫剂液（螨类、蚜虫）完全浸没1分钟，接着用杀菌剂液（白粉、炭疽、根腐）完全浸没10

图3-26　离地床架引插

图3-27　穴盘着地引插

分钟，杜绝病虫带入扦插圃。匍匐茎子苗也可先剪下，杀菌（炭疽、白粉）剂、杀虫（蚜虫、叶螨）剂浸液处理后，装入塑料袋或泡沫箱，放置在2~4℃冷库存放3~5天后再扦插，有利于发新根。

3. 育苗管理

育苗管理措施主要有灌水、施肥、去老叶，病虫防治及遮阳网和避雨保护管理等。与大田露天育苗相比，在3—5月母株容易受白粉病、螨类侵染，要加强预防。在子苗抽生和穴

图3-28 空中采苗

图3-29 穴盘基质扦插

盘育苗期间要重点防治炭疽病、细菌性枯萎病、镰刀菌枯萎病等病害，定期喷药防控炭疽病及虫害。子苗成活后，每棵苗施入160毫克氮素的固体肥（60天的缓释肥一次施入，30天的缓释肥分二次施入），也可以滴施水溶性肥，观察叶片颜色，在肥料不足时增施液肥或叶面喷施液肥（500~1 000倍液），在8月15日后叶柄氮含量降至100毫克/千克左右。基质水分管理原则上需每天进行，但根据天气状况作适当调整，过湿容易沤根死亡。定期剥去老叶，将叶片数控制在3~4片叶，去叶后及时喷药。穴盘间距小，草莓苗容易徒长，需要适当控苗，与土壤育苗比较，降低三唑类农药或生长抑制剂的使用浓度。7—8月高温时，应加强降温管理。

三、土肥管理

（一）根系生长特性

草莓属浅根性作物，根系集中分布在地表下0~20厘米，也有伸长至40厘米，由短缩茎根颈部生长出初生根（不定根），在初生根上发育出二级次生根，二级次生根再发育出三级次生根等，在整个生产季，把侧枝的根都算上，初生根可以达到100条以上，根系水平方向扩展不大。当然，根系生长及分布与品种特性、土壤条件、管理等有关。

草莓根系生长分布的特性决定了对土肥水要求严格，草莓是相当不耐肥的作物，对土壤溶液浓度比较敏感，肥多、EC值高会抑制生根；根域浅，耐干燥差，对土壤水分要求较高；根部生长容易受到空气温度变化影响，冬季根系活力减弱。草莓根系的主要作用是吸收养分、水分和合成激素供给植株生长，根系生长也依赖叶片合成的光合产物。

（二）土壤管理

1. 连作障碍

一般草莓园地开始二年，表现为产量高和品质好，种植相对比较容易，可随着种植年份递增，若不采取科学有效土壤管理措施，草莓病害多发，植株生长差，产量和品质下降，这种现象称之为连作障碍。

草莓种植园良好土壤条件要求是：物理性标准包括有效根群的必要深度为 40 厘米、气相在 15%~20%，通气性良好、膨松且有保水性；化学性标准包括土壤酸碱度（pH 值）为 5.5~7.0、最适宜的 pH 值为 6.0~6.5，盐基饱和度为 45%~75%，可供态磷酸范围为 20~60 毫克 /100 克，土壤溶液电导率（EC）适宜范围低于 0.2~0.5ds/ 米；土壤有机质含量至少在 2% 左右，最好达到 3% 以上，一般认为土壤有机质含量高，土壤中有益菌就会比较多。

不同草莓品种具有各自特性，对土壤条件的要求会有所差异，如生长势强的品种如红颊、香野对土壤质地要求相对较宽，生长势中庸、偏弱品种如越心、白雪公主适宜有机质含量高的壤土。

2. 土壤改良

（1）提升地力。在日本调查各地生产水平高的种植户，都提到"如果不投入大量有机物，不做好土壤养护，很难种好草莓"。投入充足有机肥，土壤肥力高的土壤，可满足一季生长所需的养分，而且能够获得高的产量（表 3-4）。

表3-4　施用化肥对不同有机质含量的土壤中种植女峰产量的影响（吉田，1997）

		A 种植户	B 种植户
土壤管理	芦粟（绿肥作物）	+	——
	稻草	3 吨 /1 000 平方米	——
	牛粪堆肥	2 吨 /1 000 平方米	2 吨 /1 000 平方米
土壤中浓度（% DW）	全氮素	0.25	0.16
	全碳素	2.88	1.96
产量（克／株）	无施肥	515	380
	施基肥（6-5-4）200千克	520	430
	施追肥（14-8-16）20千克	508	424
	平均	514	411

有机物（肥）主要有以下作用：一是使土壤变得疏松，促进团粒结构形成，增大孔隙率，改善土壤的通透性、排水性和保肥保水性；二是补充草莓生长发育及提高品质所需的中微量元素；三是提高盐基

置换容量，增大保肥力，可防止酸性土壤中磷的不溶解，改善土壤的化学性；四是提高有益微生物种群数量和活性，降低病原菌的密度。五是增加 CO_2 供给，这对提高大棚草莓光合作用非常重要，在土壤中施用有机物，以有机物为食物的微生物就会增加，因为微生物的呼吸会产生大量 CO_2，在设施内积累提高棚内 CO_2 浓度，会提高光合作用速率。

要改善土壤性能、提升地力，就得提高土壤有机质含量。有效对策是增施有机肥（物），如施用堆肥、种植绿肥、投入秸秆和菇渣等。若施用未腐熟的有机肥、粉碎的秸秆、稻草之类，应在草莓结束后（5月中旬）施入，分解秸秆、稻草要消耗氮素，每500千克稻草可放2~4千克尿素。施用商品有机肥、饼肥之类，可在土壤消毒时（7月上旬）一并施入。养殖场产出的粪肥一般含有高浓度的氮、钾和钠等元素，一次性投入数量不可太多，可能会引起盐分浓度障碍，每亩一次性不要超过1 500千克（指干粪）。牛羊粪数量可以多施些。充分腐熟的有机肥、饼肥可以在消毒结束后，翻耕时一并施入（8月上旬，包括化肥），这种方式可以利用腐熟有机肥中的微生菌。

（2）改良土壤。草莓生产季结束后，根据土壤和上季病虫发生等实际情况，以及可以收集到的有机肥种类，进行土壤改良工作。

若上季草莓病虫害发生较轻，可直接采用闷棚，清理地膜；若是后期病虫发生较重，则应割除草莓植株移至棚外，采用淹水、放水方式或者种植水稻，进行水旱轮作，起到减轻盐渍化和消灭部分病菌线虫的作用。淋洗可降低硝态氮，对减少磷酸盐、钾盐类过剩作用不大。要改善土壤性状，只有多施有机物。土壤酸化重，可施用碱性肥料例如氢氧化镁调节。

当前绝大部分农户采用的重新起畦法，从消减土壤盐渍化，提高土壤肥力和改进土壤物理性和减少病害等方面看，效果较明显，可减少种植失败风险。

临海、建德等部分农户采用了旧畦连用法，该方法具有省力省工等优点。连续利用的旧畦，表面虽然较硬，但内部较松软，根部张力良好，若多年栽培，透水性会提高。该模式比较适合黏性重的土壤，如下雨很容易导致田畦崩塌的砂土不宜采用。若是采用药剂消毒以及施入基肥，其用量要比重新起垄畦法减少至少1/3，施肥要以追肥为主。种植前土壤准备操作流程见表3-5。

表3-5 种植前土壤准备操作流程

月/旬	重新起畦法（传统常规法）	旧畦连用法
5/中	闷棚，收拾，清理滴管带	闷棚
5/下	投入有机物、堆肥、翻耕	清理残株、灌水、去盐、闷棚
6	淹水、或种植水稻	
7	土壤消毒（太阳能、化学，投入有机肥）	土壤消毒（灌水闷棚、利用太阳能）
8/上	基肥	揭除地膜、滴灌带、基肥（减量）
8/下	起畦（施入有益菌）	修畦

3. 土壤消毒

一般在梅雨季结束后7月进行，上季草莓生产中土传病害轻微的可采用太阳热能消毒法；发病重的宜采用药剂消毒法。2种消毒方式轮换配合应用，对解决土壤病菌和保持土壤性状效果良好（图3-30、图3-31）。

（1）太阳能高温消毒法。利用太阳能高温消毒，成本低，对镰孢枯萎病和线虫类有效。45℃条件下6天可杀死镰孢枯萎病菌，若低于此温度，需要20天以上。7月，在空气温度39℃时，地表覆膜情况下地表

图3-30 淹水处理

下温度，5厘米处50℃、10厘米处45℃、20厘米处43℃。连栋大棚，采用大棚膜密闭，再加上地表覆膜，可以提高消毒效果。

图3-31　土壤消毒

梅雨季过后，可以将有机物（未充分腐熟有机物、收割的秸秆等，需要较长时间分解腐熟），撒施田中，翻耕后，简单做一个高30厘米、宽70厘米左右的畦，用透明农膜完全覆盖土壤表面。畦沟灌水，让土壤保持湿润状态，水容易渗透的地块，需再灌水。农膜覆盖时间要求为20天以上。

（2）化学药剂消毒法。化学药剂有氯化苦、棉隆、石灰氮、威百亩等，氯化苦消毒效果较高，威百亩主要针对性线虫类，对杀灭病菌、杂草也有一定效果。生产上常用的主要是棉隆和石灰氮。

消毒方法：每亩均匀撒施棉隆微粒剂15~20千克或石灰氮30~40千克，翻耕、耙平，浇水保持土壤湿润，然后用农膜覆盖密闭10天左右。揭膜后，对园地进行一次全面灌水，灌水翻耕，保证药剂完全分解挥发，揭膜处理15天以上方可种植草莓，种植前进行安全性试种，以免产生药害（表3-6）。

棉隆微粒剂发挥药效的时间长，对病虫草害的防治谱广，但在土壤中的穿透性较差，只对处理范围内土壤中的病虫和杂草才能起到防治效果。因此，将棉隆均匀地施于土中对其效果的发挥至关重要。如果施用不匀，药量过多的地方易发生药害，药量少的地方效果不佳。

表3-6　棉隆土壤处理密封时间和通气时间与土壤温度的关系

土壤温度（℃）	密封时间（天）	通气时间（天）
≥25	10	5
≥20	12	7
≥15	15	10
≥10	25	15
≥5	30	20

4.有益菌的应用

长期大量施用化肥、不注重有机肥的施用而导致土壤微生物种群失衡、土壤劣化的问题越来越严重，根际微生物种群和有益菌的研究利用又引起人们的极大兴趣。

土壤中对农作物有利的有益菌有很多种，如枯草芽孢杆菌、巨大芽孢杆菌、胶冻样芽孢杆菌、地衣芽孢杆菌、苏云金芽孢杆菌、侧孢芽孢杆菌、胶质芽孢杆菌、泾阳链霉菌、菌根真菌、棕色固氮菌、光合菌群、凝结芽孢杆菌、米曲霉、淡紫拟青霉等。有益菌，它是由从自然界中分离提取的对人类、动物、植物都极其安全的光合菌群、乳酸菌群、酵母菌群等功能各异的有益微生物。其中，光合菌群以土壤接受的光和热为能源，以植物根部的分泌物、土壤中的有机物、有害气体（硫化氢等）及二氧化碳、氮等为基质，合成糖类、氨基酸类、维生素类、氮素化合物、抗病毒物质和生理活性物质等，是肥沃土壤和促进动植物生长的主要力量。光合菌群的代谢物质不但可以被植物直接吸收，还可以成为其他有益微生物繁殖的养分。乳酸菌群靠摄取光合细菌、酵母菌产生的糖类形成乳酸。乳酸具有很强的杀菌能力，能有效抑制有害微生物的活动和有机物的急剧腐败分解。能够分解在常态下不易分解的木质素和纤维素，并使有机物发酵分解，能够抑制连作障碍产生的致病菌增殖。酵母菌利用植物根部产生的分泌物、光合菌合成的氨基酸、糖类及其他有机物质产生发酵力，合成促进根系生长及细胞分裂的活性物质，给可促进其他有效微生物（如乳酸菌）增殖所需要的基质，提供重要的给养保障。

（1）作用。定期或及时补充有益菌对于改良土壤结构、提高土壤肥力、加速土壤有机物和矿物质的分解、固氮、调节植物生长、抑制有害微生物的生存与繁殖、降解农残，促进植物生长发育、提升植物抗病抗逆能力，减轻并逐步消除土传病害和重茬障碍，提高作物产量与品质等都有着积极作用。

（2）有益菌产品。现市面上销售的产品种类较多，有单一菌制剂如枯草芽孢杆菌、木霉菌等，有2种或2种以上菌复合制剂如EM菌液、土壤修复剂、抗重茬剂等，功能上有的主要是防病，有的是活化土壤，有的二者兼有，根据需要进行选用。生产上增施有机肥的目的，就是利用发酵的生物有机肥、微生物有机肥，补充土壤有机质的同时也能增加土壤有益菌，抑制有害病菌，活化土壤改善团粒结构，在微生物的循环活动中释放土壤中的大量和微量元素，给草莓生长创造了健康的环境，能使草莓的风味更好，也为减肥减药提供了基础保障。

（3）使用。有益菌产品是一类活体，有较为严格的使用条件，保证它成功定殖并且繁殖，使用时，要按照使用说明书施入。现将EM菌原液使用方法介绍如下，可将EM菌原液按200~300倍的比例用水直接稀释，用于喷洒土壤翻耕和蘸根；在定植时可以用EM有益菌150~300倍浇根；结合草莓生长的水肥管理，冲施、滴灌均可，每亩施5~10千克，喷施浓度200~300倍。也可以就地取原料，如杂草、人畜粪便、作物秸秆（切碎）、茎叶、谷糠、锯木屑均可，再加入比例为0.5%~0.8%的EM菌，然后与原料混合拌匀，堆垛压实，用塑料薄膜密封，厌氧发酵。当发出酒曲香味或出现白色菌丝时表明发酵成功，发酵堆肥可保存1~3个月。

（三）施肥管理

1. 养分吸收特性

草莓养分吸收量中，氮、磷、钾、镁在果实中的比例很高，占总量的 60% 左右，钙在叶片中的比例较高。所以在决定施肥量时，须考虑产量，每 1 000 千克产量中，需氮 3.14 千克、磷 1.54 千克、钾 6.44 千克（尾和，1996）。养分吸收量随栽培方式、施肥管理、品种等不同而发生变动，用不同营养液栽培女峰，每株的吸收量分别是氮 1.8 克、磷 0.9~1.8 克、钾 2.1~3 克，总体上草莓对磷吸收量较少，氮中量、钾最多，每 2 000 千克产量中，测算氮、磷、钾吸收量约为 8.4 千克、3.9 千克、13.6 千克（表 3-7），还有钙约 3.1 千克、镁 2.8 千克。

表3-7 草莓养分吸收量 （每亩产量2 000千克）

	氮（千克）	磷（千克）	钾（千克）
枥乙女	10	4	14
红颊	6.8	3.8	13.3
平均	8.4	3.9	13.6

2. 施肥管理

（1）施肥原则。遵循平衡精准施肥原理，养分吸收多少，补充多少，确保草莓生长开花结果所需的养分，保持营养生长与生殖生长的平衡，不诱发病虫害，达到优质丰产。在三元素中，氮素供给过量就会造成过剩障碍。施肥量以及施用时间与品种特性、目标产量、土壤状性、气候条件以及定植时间早晚都有关系，草莓生长发育需要的营养 95% 左右来自根系的吸收，叶面喷施吸收最多占到 5% 左右。有机质肥料具有缓效、迟效的特性，往往不能满足草莓生长初期所需的营养，施肥的基本原则是有机肥＋速效肥＋叶面肥相结合的方式。草莓根系分布浅，耐肥性很差，对土壤盐类浓度比较敏感，速效肥使用要求"少量多次"。

（2）施肥技术。基于草莓目标每亩产量 2 000 千克，氮、磷、钾吸收量分别是 8.4 千克、3.9 千克、13.6 千克，考虑到土壤、土施养分当季利用率等，推荐氮、磷、钾施肥总量分别为 10~15 千克、8~10 千克、16~18 千克。施用化肥时要相应减去一部分有机肥中氮、磷、钾的含量，各类有机肥中的有机质和氮、磷、钾含量见表 3-8。

表3-8 各类有机肥有机质、氮、磷、钾含量

有机肥种类	有机质含量（%）	氮含量（%）	磷含量（%）	钾含量（%）
猪粪	15	0.5	0.5~0.6	0.35~0.45
羊粪	24~27	0.7~0.8	0.45~0.6	0.4~0.5
鸡粪	25.5	1.6	1.5	0.8
牛粪	14.5	0.3~0.45	0.15~0.25	0.1~0.15
马粪	21	0.4~0.5	0.2~0.3	0.35~0.45
鸭粪	20	1	1.4	0.6
菜籽饼	75~78	4.98	2.65	0.9
棉籽饼	76	4.1	1.5	0.9
蓖麻饼	78	4	1.5	1.9
芝麻饼	75~80	6.69	0.64	1.2
花生饼	75~80	6.39	1.10	1.9

　　基肥：最稳妥的是经过土壤养分分析，进行测土配方施肥，或者结合上年的种植结果进行优化方案。有机肥种类一般是就近获取，未充分发酵的有机肥至少在土壤消毒时（7月上旬）施入，发酵好的有机肥可在消毒结束后（8月上旬）施入。例如，土壤有机质含量2%、pH值为6.8的草莓地，每亩施商品有机肥（羊粪）1 000千克和菜饼肥150~200千克、钙镁磷肥25千克、微生物菌肥、（15-15-15）复合肥20~30千克。复合肥施入量的多少，要根据种植的品种、土壤肥力、种植地9月气候情况，若是种植红颊、土壤肥沃、9月雨水比较多的地区，可以少施入三元复合肥；若是发现生长前期植株有徒长倾向时，可以通过控水或者生长调节剂来缓解。

　　土壤偏酸性的可施氢氧化镁，偏碱性的可施硫磺粉加以调节。用石灰氮消毒处理的田块不施氮肥。

　　追肥：视品种特性和长势情况追肥。抽生新叶后至铺地膜前，每亩追施平衡型三元复合肥15~30千克，分2~3次施入。采用肥水一体化的，出新叶后每亩滴施高氮型、高磷型水溶性肥2~3千克各1次，显蕾期施平衡型水溶肥2~3千克，按≤0.4%浓度进行滴灌。

　　果实膨大后，间隔15~20天用高钾型水溶性肥，按≤0.4%浓度进行滴灌，每亩灌水量500~800千克，可提高果实品质。结合喷药

可追施叶面肥或施 0.2% 液肥、补充中微量营养元素。结果后期，在
2月中旬，追施一次平衡型肥，浓度 ≤ 0.4%，每亩灌水量 1 000 千克。

四、定植管理

（一）做畦

1. 施肥整地

在土壤消毒结束后，8月上旬开始陆续整地做畦。此时期一般只
能施入充分腐熟的有机肥，速效肥和功能性微生物肥。少量未腐熟菜
饼肥可以在此时施入（图3-32）。此时如大量施入未腐熟过的有机肥，
到9月上旬草莓苗定植时，因为没有足够的腐烂分解时间，易引起肥
害"烧苗"和芽枯病。未腐熟过的有机肥会增加虫菌的风险。

当使用石灰氮消毒时，可不添加氮肥，考虑施入磷酸二氢钾，或
硫酸钾、钙镁磷肥，基肥中速效氮不能过多，否则会造成前期生长过

图3-32 施基肥整地

旺，而抑制第二花序花芽分化。如种植长势强的品种可少放或不放速效肥。

把基肥均匀撒施土面，旋耕，与土壤充分混合，待下雨，如果天气晴朗无雨或少雨时，应先充分灌水，待自然沉降后，开沟做畦。为改善土壤微生物群，施基肥时可一并施入菌肥。

2. 做畦

目前多数按畦连沟1米放样，畦面宽60~65厘米，沟面宽35~40厘米，沟深30厘米开沟作畦，畦面南北向为佳，将畦面整成龟背形。为适应观光采摘，8米棚做成7条畦，沟底加宽（图3-33）。

注意土壤过湿或雨天不宜做畦，否则容易导致畦面板结、不透气。

图3-33　开沟作畦

3. 畦面封草

定植前3~7天喷除草剂封草，每亩可用33%二甲戊（乐）灵乳油120~150毫升，或用50%丁草胺乳油90~120毫升对水30~45千克喷雾畦面，喷施时畦面土壤必须保持湿润。当尝试使用不曾用过的除草剂，应先少面积使用或务必请教有使用经验的人员，浓度过高或用量过大，都会影响草莓苗发根及成活率。

（二）定植

1.定植适期

草莓定植时间取决于计划上市时间、品种特性、草莓苗花芽分化状态和种植地气温条件，但基本要求是草莓苗要通过花芽分化和种植地气温条件适于草莓植株稳健生长。第一花序从定植至顶果始采所需天数分析：定植缓苗期（7~10天）+ 长4片叶（30天）+ 显蕾开花7~10天 + 果实成熟天数（28~35天），需要72~85天。生长结果期温度高，所需的天数短；温度低、光照弱，所需的天数长，所以，正常情况早定植、上市早；迟种植，上市晚。在草莓苗未过生理分化期时就定植，植株营养生长偏旺，就会出现花芽分化逆转，开花成熟反而迟的现象（表3-9）。即便草莓苗过了花芽分化（比如章姬、红颊草莓苗夜冷或低温处理），定植日期提前至8月20日，正常情况下（不进行抑株处理）就会出现第一花序果实小、味酸，商品性不高，同时还会延迟腋花序的花芽分化，引发断档期过长。

表3-9　过早定植对始花始果的影响

年份	地点	品种	定植日期（月／日）	始花日期（月／日）	始采期（月／日）	备注
2012	富阳	章姬	8/26	10/11	11/4	果实偏小
2013	建德	红颊	8/25	11/20未开花	—	生长旺、成熟迟
2013	海宁	越心	8/30	10/12	11/18	—
2013	海宁	越丽	8/31	10/10	11/15	—
2013	富阳	宁玉	8/25	10/10	11/7	—

从草莓生态生理讲，夜／昼温 23~24℃/33~34℃适合定植，20~22℃/28~30℃适宜定植，在定植时草莓苗花芽分化期状态处于膨大~萼片初期最为合适，当种植一个新品种、采用新的育苗方式或气象变化大时，需进行花芽镜检，要有 60% 以上植株达到花芽分化

期时开始定植。

大棚草莓适宜定植时期为 9 月 5—25 日，具体日期根据品种、地区而定。若是种植红颊，在浙中西北部适宜定植期为 9 月 8—18 日，在浙东南部适宜定植期为 9 月 15—25 日。若是种植越心，浙中西北部的适宜定植期为 9 月 2—10 日，浙东南部的适宜定植期为 9 月 8—15 日。长势强的品种可适当推迟，生长势弱的品种可适当提早。管理水平高的种植户，只要苗通过花芽分化，种植后能调控草莓植株长势，在浙东南部气温稍高地区提早几天定植也可以。

35℃以上时，裸根苗定植不易成活，且容易诱发病害。

很多莓农在长江流域一带专业从事育苗，而部分草莓苗销往我国北方地区，北方气温下降早且快，定植期会比较早，如在北京地区红颊（颜）定植适期在 8 月 25 日至 9 月 5 日，8 月 25 日前后大田培育的草莓苗推测正处在花芽分化诱导期，起苗后放入冷库 5~7 天可以促进花芽分化且比较整齐，还能促进生根，提高种植成活率。

2. 定植方法

（1）盖遮阳网。浙江省 9 月气温往往较高，为提高定植成活率，定植前用 80% 遮光率以上的遮阳网覆盖在大棚上（图 3-34、图 3-35）。

（2）种植密度。种植密度因品种、种植地自然条件而有所不同。一般每畦种两行，三角形方式，株距 18~25 厘米，以每亩 5 500~7 000 株为宜，株型高大品种的株距 20~25 厘米，株型中小品种的株距 18~23 厘米。

（3）栽植深度。栽植深度关系到草莓成活和不定根的发生量，短缩茎的叶柄基部有根原基，与土壤充分接触可多发不定根，草莓苗不要直立，而是稍微倾斜种植，可以增大与土壤的接触面。栽苗时要做到"深不埋心，浅不露根"，草莓苗弓背新茎方向朝沟，通常花序从弓背方向伸出，便于垫果和采收，使每株抽出的花序均同一方向，便于生产操作。

为了改善根际微生物种群，增加有益菌，可在栽前用有益菌液进行蘸根。

（4）种植时间。在晴朗天气定植草莓苗时，下午至傍晚时间段种植成活率最高，上午次之，中午最低。建议上午挖苗，下午种植。有

图3-34　边定植边浇水

图3-35　定植沟内灌水

冷库的，草莓苗可以先行蘸根，存放在10℃的冷库中，7天内找适宜时间种植。为防止草莓苗失水过多，需边栽边浇水，浇足定根水。

在没有喷滴管情况下，沟内灌水至2/3，一是便于前三天人工浇水，二是有利于降低土壤温度。

五、生长期管理

（一）管理要点

在草莓促成栽培中，定植后至保温前的一个多月时期是管理中最重要的时期，对早期产量影响很大，因为第一花序的发育和第二花序的诱导分化都在这时期展开。因此，一是要促进草莓苗成活，二是要保持植株健壮生长，维持营养生长与生殖生长平衡。顶花序分化发育后，顶端优势消失，其下面的腋芽会发育形成侧枝，先是分化叶，侧枝上叶片数受品种和栽培措施影响，然后分化成第二花序（图3-36）。

正常情况下，顶花序下面的腋芽会长成1~2个侧枝，不正常的话，腋芽不萌发，或者直接分化成花芽，或者分化成匍匐茎，进而变成所谓的"断心株"。植株营养生长过旺，容易引发顶果果形不端正，还有侧枝上的叶片数增加，推迟第二花序分

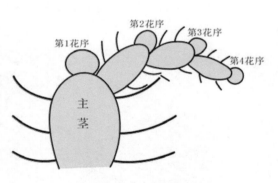

图3-36 花序发生状态

化；相反，根系生长不良和定植迟，植株生长偏弱，早期产量低。

这个时期的管理要点：促进根系生长，保证有足够的叶面积，促进顶花序发育，增加顶花序花数，同时需要诱导第二花序花芽分化，必须做好病虫害的防治。促进顶花序发育和诱导第二花序分化的条件是相反的、矛盾的，此期露天条件日照、气温是人为不可调控的，从技术管理讲，能够平衡上述二种需求矛盾的措施是肥水和叶片数管

理。前面已经提过管理措施的应用随品种特性、定植期早晚、天气变化等而有所不同。充分了解品种特性和种植环境条件，保持植株健壮生长，该控的不要太旺，该促的不能太弱，及时防治病虫害。

（二）定植初期管理

定植初期管理目标主要促进苗成活（图3-37、图3-38）。

图3-37　种后5天遮阳、保湿

图3-38　裸根苗定植5天发新根

1. 水分管理

草莓苗定植后需要保持根茎部周围土壤湿润，促进不定根的发生。一般在定植后至缓苗前都要保持土壤湿润和保证叶片不失去活力，每天清晨和傍晚在叶面洒水，雨天除外。当草莓苗自带叶片竖起和心叶开始生长，撬起根部，可见有大量不定根长出，显示草莓苗成活，缓苗后改用滴管。采取沟灌要注意水不能漫过畦面，以不超过约2/3畦高为宜，避免或缓解因为基肥中化肥用量过多时，由于"返盐"作用造成草莓苗定植后延迟返青成活甚至死苗。

2. 遮阳网管理

定植季节一般情况下气温较高，通常应采用遮光率80%的遮阳网覆盖，可降温保湿，有利于成活。草莓苗成活后即可除去遮阳网，长时间盖遮阳网不利于草莓健壮生长。

3. 定植成活率低的原因

草莓苗种植成活率低，一是土壤温度对发新根的影响很大，根茎部处温度高于32℃，发根就难，定植时一定要关注定植期气温，避开高温期种植，特别是立架基质栽培。苗龄短的苗容易发不定根，苗龄长、根茎部褐化重的苗发根慢一些。

二是因草莓苗在起苗、运输、定植过程中因发热、失水过多导致草莓苗失活。土壤肥料过多、除草剂过量以及灌溉水质差等都会抑制发根。

三是感染炭疽病以及根腐病。带病苗移栽后，往往无法成活，快的3天，慢的2周内就会表现发病症状，尤其是炭疽病。因此，种植炭疽病抵抗性弱的品种，定植后2~3天要进行预防，间隔7天，连续一个月左右。沟里灌水定植方式，3天后放掉水，以后采用滴管等方式补水，保持土壤通气性，既有利于发根又利于预防根系病害发生。

（三）成活后至保温前管理

1. 水分管理

从土壤水分与根部生长的关系看，草莓根系耐干燥性差，对湿度的抵抗性较强，在水分较多的状态下，根量会增加，多水分管理时间为定植后20天左右，随后要控制过度灌水。苗成活后，不宜连续浇水，土壤水分长时间处于饱和状态，就会影响到根系的呼吸，土壤不干不必浇水，以促使根向下生长，扩大根系群。对根系发达、长势强的品种，感觉草莓长势过旺时，可通过适当控水的方法，调控长势，也有利于促进第二花序花芽分化。若遇上秋雨较多、台风，要做好排水工作，以防淹水和畦倒塌。

2.土壤管理

保持土壤通透性对促进草莓根系生长非常重要，一般在定植成活后至铺地膜前需要进行2~3次松土。第一次在缓苗期后因浇水而造成土壤板结，当苗成活后要及时中耕松土，第二次一般在铺地膜前进行施肥、除草、松土，若土壤板结严重，中间可加一次（图3-39）。

图3-39 松土

第一次中耕松土时，可查苗补缺，拔除死苗和无心苗，用来补缺的苗应采用预栽的壮苗，在傍晚或选阴天带土团补栽，栽后浇足水。对因种得浅或是浇水时土冲刷掉而造成苗根外露的苗，要培土、护根，定植过深的可连根撬起填土，抬高苗株，确保整棚全苗。

3. 施肥管理

追肥要根据基肥施用情况、品种特性和草莓植株长势状况等灵活掌握，促进植株健壮生长，特别要注意氮肥过量引起徒长。方法有采用畦面撒施、结合松土拌入土中，一般在长出1~2片新叶后、铺地膜前，每亩分别施氮－磷－钾（15-15-15）平衡肥5~8千克和12~15千克。也可采用肥水一体化施入，出新叶后、铺地膜前每亩滴施高氮型、高磷型水溶性肥2~3千克各1次，按≤0.4%浓度进行滴灌。若基肥中没有或放入少量速效肥的，以及长势中庸、需肥量大的品种，可以多施一次。基肥用量足，长势强的品种如红颜、香野等可少施。为改良土壤、促进生根和防根系病害，可冲施海藻精、菌肥。长得过旺或者慢时，通过喷施叶面肥、生长调节剂进行调控。

4. 植株管理

（1）叶片管理。首先是护叶，保护苗自带叶的光合功能，当自带叶片挺立后，可喷施稀浓度氨基酸类等叶面肥，迅速恢复叶片生理功能和光合作用，有利于根系生长。当草莓成活后至长出2片新叶之前，一般不要去掰老叶。第一次整理植株叶片时间是在出2片新叶时，掰除基部叶片，每株保留3~4片叶，同时在基部培上土，这时掰叶要注意一手扶住草莓株，一手拿住叶柄基部，并连同叶耳一起掰下，掰时不能硬拉，以防伤根。若只保留2叶1心，会影响顶花序发育并且延迟开花。再次掰叶时，要看品种和定植日期，对于定植早、腋花芽诱导分化要求较高的品种，在顶花序显蕾前需要整理成4片，有利于腋花芽分化。而对于腋花芽分化容易品种，只要掰除病老叶即可。

生产实践中，对于生长势强的品种，为了保持一定的叶面积和根系良好生长，又防止生长过旺，常结合防控白粉病使用三唑类农药如腈菌唑等适当控旺，利于腋花芽分化。草莓健壮判断形态指标包括株高、叶片大小、叶柄长度、叶片厚度和叶色，不同品种有其相应值。据观察调查红颜品种种植株距23厘米，在铺地膜前完全展开叶叶片长与叶柄长之比为1∶1.2，株高15厘米左右，顶花序和第二花序的连续性好、产量高（图3-40）。

图3-40　铺膜前株相调控

（2）分蘖枝、侧枝整理。当草莓苗长出新叶，植株进入快速生长，根茎基部的腋芽往往会萌发成分蘖枝（区分顶花序花后长出的侧枝）。绝大多数品种，特别是长势强、叶片大的品种如红颜、小白，分蘖枝多则营养生长旺，植株间拥挤，要抹芽、摘除。而对于叶片小、长势较弱品种如越心，可以保留1~2个离基部近的分蘖枝（图3-41）。

顶花序显蕾后，紧接着就会长出侧枝，每株保留生长健壮、左右伸展的1~2个侧枝。多数草莓品种，一般会采用1-（1~2）-（2~3）整枝法，在顶花序抽生前，只留1个主枝，第二花序时留1~2个侧枝，第三花序时留2~3

图3-41　分蘖芽

个侧枝。

（3）摘除匍匐茎。随着天气转凉，雨水增多，草莓植株其他腋芽会抽生匍匐茎，因匍匐茎抽生消耗养分，影响顶花芽和侧花芽发育，要及时摘除。

（4）防病虫。草莓开花结果后不便频繁使用农药，在此之前尽量降低各类病虫基数，做好病虫预防。草莓生长期病虫害主要有炭疽病、白粉病、斜纹夜蛾、蓟马、蚜虫、叶螨、蚜虫，首先要重视草莓植株健康管理，提高抗性，病害要注重预防，虫害要控制得早。所以，要时常查看草莓叶片背面，需特别重视盖棚前、后二次病虫害的防治工作。

（5）赤霉素的应用。对于花茎短、休眠较重及生长势中庸品种，喷施"九二〇"可拉长花茎，打破休眠，促进生长。拉长花茎的如宁丰，当花蕾出现时，对准花蕾喷5~10毫克/千克的"九二〇"，每株5毫克药液，间隔一周后喷第二次。促进生长的如甘王、白雪公主，一般在10月上中旬，对准心叶喷"九二〇"，浓度为5~10毫克/千克，相隔7天，喷两次。防止休眠可在10月中旬喷。喷"九二〇"因品种而异，如红颊、章姬等则无需使用"九二〇"。

5. 铺膜扣棚

（1）适宜时期。为了防止草莓植株进入休眠，使草莓继续生长开花结果，应保持合适的地温和棚温。保温应掌握在第一腋花芽完成分化后，植株尚未进入休眠前进行，从温度要求讲，当最低气温开始降至10℃左右时进行，现在很多浅休眠品种也可以设定在8℃时，开始铺地膜及扣棚。浙江省气候条件下一般为10月下旬至11月上旬，具体日期要根据当年当地的气象预报而定。保温过早，对促进顶花序发育有利，但不利于腋花芽分化，容易导致断档；保温过迟，植株易进入休眠，植株一旦进入休眠，很难打破，导致植株矮化，影响前期产量和上市时期。

遇上顶花序显蕾，气温比较高时，先铺上地膜，二边膜圈起来放在畦上（图3-42），等气温下降时再放下，可避免顶花序在铺地膜时受损严重。若植株营养生长过旺时，可适当延迟5~7天保温。过早铺地膜，容易使根系上浮，不利根系扎深扩展，减弱根系淀粉贮藏功能，容易发生早衰。有时，因为顶花序要进入盛花期，为避免下雨影响坐果，可先盖上大棚天膜避雨，棚头膜不闭（图 3-43）。

图3-42　地膜上圈，防温度过高

图3-43　天膜避雨

（2）铺地膜、盖大棚膜。在铺地膜前先做好除草、松土、追肥、铺滴管带等工作。中耕除草清沟完成后，在两行草莓之间开一浅槽，将复合肥条施在槽内，每亩施复合肥10~15千克，后覆土整平。目前设施栽培中普遍应用双孔微滴管。铺设时一畦一条，铺于畦中间，双孔向上，出口处用固定夹夹牢，进水口与进水管接牢。铺设好后应灌水检查（特别是用过的旧管）有无阻塞，若被阻塞应清除杂物打通喷水孔。

提倡全园覆盖方式，在冬季可降低棚内湿度，地膜宽度要能盖住沟面，按照标准畦应选宽1.35~1.5米（整畦一体铺）或者宽0.7~0.8米的地膜（半畦二边铺），将畦边和沟底一起盖住。覆盖地膜作业应在晴天的下午进行，此时植株叶和叶柄柔性较好，不易折断，叶面露水已干不易弄脏叶面。地膜一定要拉平整，叶片或花序要引出膜面，切忌遗漏。

芯叶、萼片发生"焦叶"现象，一般认为缺钙是芯叶焦尖的主要原因，但对于草莓而言，并非直接原因。多数是由于盖膜前土壤较干、或控水严重，铺膜前追肥量多；再是盖地膜和大棚膜后温度上升，根系活力提高、叶片蒸腾量增加，使土壤中盐基浓度过高和转移到芯叶、花萼中的水分不足引起的，所以，在施肥铺膜前调整好土壤湿度，铺膜前3~5天适量施肥，铺完地膜后马上滴水一次，使土壤中的盐基浓度处于适宜状态。

参考天气预报，最低气温持续降至9~10℃时，盖大棚膜。外围裙膜高度设置要看种植畦和植株高度，要有利于植株处通风，株高约30厘米时，外围裙膜高度40~50厘米，内围裙膜高度60~80厘米。

6. 草莓"断档"及防止对策

（1）"断档"原因。草莓果实"断档"与花序发生时间差有很大关联，草莓收获期"断档"现象指果实上市开始，中间会有一段时间无成熟果可采，二批花序果实成熟期首尾连接不住，造成供货销售环节的困境，主要发生在顶花序与第二花序之间，以及第二花序与第三花序之间。"断档"与品种特性、栽培管理和天气都有关系。花序间叶片数过多、第二花序分化条件要求较严而不容易进行花芽分化的品种，会产生"断档"。顶花序分化可人为诱导，花芽分化诱导早、定植早，若是种植生长前期气温高，定植后迅速吸收氮素，促进了顶花序的发育，顶花序采收提早，第二花序即便是与常规定植的同期开花，第一与第二花序的收获间隔自然就长了；若是增加侧枝的叶片数，延迟第二花序分化，这样就会更加扩大了收获"断档"期。顶花序花数多，光合产物利用多，会抢夺分配给第二花序的光合产物，也会推迟第二花序的分化，同时影响第二花序的花器官发育。冬季低温弱光、植株矮化叶片小、光合产物合成少，特别是第二花序挂果多，又会引发第二花序果与第三花序果之间"断档"。

（2）防止对策。防止第二花序果"断档"具体措施有：在气温较高地区栽培草莓，不宜过早诱导顶花序分化，定植成活后避免施用过量氮肥，适当摘叶，避免过早保温，种植腋花芽分化容易的品种。

防止第三花序果"断档"具体措施有：保温前使根系生长良好，在冬季尽力维持植株长势，尽量保留功能叶，提高棚室透光率，提高光合作用，第二花序疏花疏果，种植休眠浅的品种。

六、开花结果期管理

（一）温度湿度管理

1. 管理依据

草莓植株光合作用适宜的温度为21.2℃，达到最大光合速率的95%时的温度范围15.4～27.4℃，10～30℃都在允许范围内，光照强度、二氧化碳浓度却是影响冬季草莓光合速率的主要障碍因子。所以，在生产中要强调提高棚室透光率，时常换气。

但是，温度显著影响草莓开花、授粉受精和蜜蜂活动。花粉萌发适宜温度为25～30℃，比光合作用适温略高，19℃以下、38℃以上花粉不萌发。蜜蜂活动活跃的温度20～30℃。温度高、湿度低花药易开裂、花粉容易散播，棚内适宜湿度为50%，允许范围为40%～70%，超过80%花药不易裂开，而且还会诱发灰霉病。从果实成熟和品质角度看，温度越高、成熟越快，果实变小变酸，夜温1℃

左右有利于提高果实糖度，但会导致植株矮化严重．因此，冬季最低夜温一般要求保持在5℃左右，这样棚内土壤温度、基质温度可保持在7℃以上。

2. 棚室管理

按照草莓生长、开花、结果的要求，不同时期棚室植株附近温度管理要求见表3-10。适宜湿度为40%～70%，11月秋高气爽，一些年份气温高、湿度低，容易诱发叶螨。所以，沟内盖膜可延迟到11月下旬，12月中旬至翌年2月中旬阴雨天气多，要注重通风降湿管理。

表3-10　棚温管理要求

时期	上午	下午	夜间
10月下旬至11月中旬	盖棚期，开放状态，不超过30℃		最低温低于8℃，闭棚
11月至12月中旬	25℃左右	22～23℃	不低于8℃
12下旬至翌年2月中旬	（严冬期）至28℃换气，保持25℃左右	维持23℃，至15℃左右闭棚	不低于5℃
2月下旬至4月（气温回升期）	保持25℃左右	20～23℃ 夜温5℃以上不闭棚	6～8℃ 后期注意夜温过高

盖棚前期白天棚温不要超过30℃，天气预报夜间最低温8℃及以上时，根据品种、长势决定傍晚闭棚与否，休眠浅、长势较旺，可以留有通风口或者延后几天开始完全闭棚。

当最低温度≤5℃时加盖中棚膜保温；在-4～0℃，采用双层膜保温；在-6～-5℃，应再加盖小拱棚膜，或双层膜保温加其他加温措施；最低气温≤-8℃时，应采用三层棚膜保温加其他加温措施。当低于0℃以下，草莓花蕊、幼果和成熟果就会发生冻害。

严冬期当最低温度低于-2℃，下午至15℃左右闭棚，到夜间最冷时仍能保持在0℃以上。12月中旬至翌年2月中旬要注重通风降湿管理，湿度高容易引发灰霉、白粉病，晴天按照棚温要求调节通风口大小；阴雨天及时通风，保持空气流动，降低湿度。只是在第二花序、第三花序开花盛期，要适当高温管理，因为花粉萌发需要在19℃以上。

开春气温回升后，夜温 5℃以上不用闭棚，主要是为了控制植株生长过快和提高果实品质。

（二）花果管理

1.畸形果产生的原因

草莓果实的形状大体取决于品种特性，分成扁球、球形、短圆锥形、圆锥形、长圆锥形、有颈形、长楔形、短楔形等，有别于品种特性固有形状的不正常果，因失去商品性的严重程度不同，常常分为乱形果和畸形果。

乱形果指鸡冠状、槽沟果等，鸡冠状果是花芽分化发育过程中 2个或 2 个以上花朵组织融合在一起，多发生在第一花序的顶果，第二花序的顶果也会发生，主要与分化花芽发育期氮素过多、营养生长过旺有关联。采用苗龄、大小适中苗，定植期不要过早，避免前期氮肥过多，就可以减少鸡冠状果的发生。

畸形果一般指授粉受精不良，种子分布不均匀不完整，致使果形凹凸不平，也包括青尖果、顶端畸形果。产生的原因有三个：一是授粉受精过程受阻，二是花粉稔性差，三是雌蕊发育不正常。

（1）授粉受精过程受阻。在雄蕊（花粉）和雌蕊发育正常条件下，仍产生畸形果，原因是授粉受精过程受阻，主要体现在花药不裂开、授粉不充分、花粉没萌发（图 3-44）。

草莓花朵开放时间一般集中在 8—13 时，温度高时，早晨开花时间会提前些，下午和晚上很少开花。授粉受精要正常进行，首先花药要裂开，这与温湿度有很大关系，高温干燥条件下，花

图3-44 授粉受精不良导致畸形果

药很快裂开，而在低温高湿（阴雨天）条件下花药难裂开，阴雨天蜜蜂也不活跃。虽雌蕊受精力低温期有 10 天、高温期有 5 天左右，但持续阴雨天气仍导致授粉受精不良，畸形果比例增加，主要发生在冬季的第二、第三花序上，低温阴雨天会导致花粉发育不良，有效花粉量少，尤其是花粉稔性弱的品种。

花粉粒要散落至雌蕊的柱头上，风、虫媒授粉，主要靠昆虫（蜜蜂）完成。在生产操作上采取放养蜜蜂，进行授粉；对花茎短的品种在显蕾时喷赤霉素，拉长花茎，便于蜜蜂访花。所以，开花期应预防花朵受冻，适当提高棚温，查看补充蜜蜂。

诸多试验表明，杀虫剂、杀菌剂对花粉的萌发有强烈抑制作用，特别是杀虫剂更严重。因此，最稳妥是不用药，若使用一定要避开花期用药，用药应在花前或花后进行，起码得在花序前几只果坐果后。

花期适当高温管理。花粉萌发适宜温度为 25~30℃，19℃以下、38℃以上不萌发。因此，在冬季开花期晴天、多云天气时，务必留意通风口大小，白天棚内温度保持在 25~30℃，有利于花粉萌发、花粉管伸长。

（2）花粉稔性低。通常称具有发芽力的花粉为稔性花粉，稔性花粉一般多含有淀粉。花粉稔性高低与品种有很大关系，一些品种有效花粉量多，一些品种有效花粉量少。另一方面，温度、光合作用等对花粉发育产生较大影响，长时间低温或者在花蕾 2.5 毫米大小时高温都会影响花粉正常发育。冬季植株小型化、叶面积少，低温弱光，光合产物少，若挂果多，分配给花序发育需要的光合产物更少，降低花粉稔性，尤其是花粉稔性低的品种更加严重。红颊、枥乙女的花粉稔性非常容易受天气影响，也是第二、第三花序畸形果多的原因之一；越心、幸香的花粉稔性高且较稳定。

栽培管理上要注意温度管理，昼温保持 20℃左右；在冬季要尽可能多保留植株功能叶，加强疏花疏果，提供更多的光合产物分配至下批花序。此外，同一个棚可考虑搭配种植花期相近、花粉量多且稔性高、栽培特性相似的品种，为花粉稔性低的品种提供花粉。

（3）雌蕊发育不正常。草莓雌蕊发育成熟是在开花前 1~2 天才完成，但花托上着生的雌蕊发育存在着时间差，位于基部的雌蕊发育早、成熟早，位于顶部的雌蕊发育迟，所以雌蕊列数多，在开花时顶部的雌蕊还没成熟，不能受精导致"青尖果"，这种情况容易发生在大果型品种。从栽培角度讲，减少氮素施用、控制植株长势，进而减少雌蕊列数，就能抑制"青尖果"的发生。但这样管理有可能使果实变小、降低光合作用，所以在生产管理上要避免这类极端管理。

雌蕊败育还发生在脱毒组培苗上（在日本曾有报道），但发生机理不清楚。植物即便在自然条件下，一些性状也会发生突变，一部分果树品种就是经芽变选育而来的。草莓脱毒组培过程中，出现变异频率0.7%（日本植松，1980），也有报道显示更高的。

2. 畸形果产生的防止

（1）放养蜜蜂（图3-45）。盖棚后，少有其他昆虫帮助草莓授粉，造成着果率低、畸形果多，影响产量和质量。因此棚内放养蜜蜂是促进授粉，减少畸形果和提高着果率，达到增产增效的有效技术措施。草莓开花时，每个单栋棚放养一箱蜂，南北向大棚置于距大棚北端5米，蜂箱高出草莓植株30厘米，蜂巢口朝南；东西向的大棚置于西侧，蜂巢口朝东，中蜂、意（熊）蜂均可，但不可混放。日本资料介绍100平方米面积同时有3~20只意蜂访花较合适，少于3只授粉不足，多于20只，过度访花，损伤柱头。蜜蜂活动的适温在18~25℃。

加强蜂群日常管理，在蜂巢口分别放置清水和糖水盒或碗，水面放一些秸秆等防止蜜蜂溺亡，糖水用2份白糖加1份水煮开溶解，也有加适量

图3-45　放养蜜蜂

花粉的。注意高温、低温的伤害，超过30℃高温条件下，蜜蜂会聚集在南面大棚顶部发生死亡。若要治虫和烟熏，应将蜂箱搬至棚外，5~6天后再搬入。

（2）疏花疏果。当草莓植株进入开花坐果后，发育成熟过程中的果实对光合产物具有强大竞争力，成为吸引力很强"库"，分配给根系和下批花序发育的光合产物就会减少，相对地会抑制草莓营养生长和下批花序正常发育，顶花序、第二花序留果越多，根系生长量减少越明显，对下批花序生长发育影响越大，因此，调整好每批花序的挂果量，对平衡营养生长与生殖生长至关重要。

一个花序的花朵数与品种、苗和栽培有关，草莓花序为二岐聚伞形结构，一般可着生9~40朵花，分为一级序花、二级序花、三级序花、四级序花等（图3-46）。一级序花大，最早开花，二级序花次之，级次越高，花朵越小、开得越晚，往往不孕成为无效花，即使有的能形成果实，也由于果太小无商品价值。因此，前面二批花序，当

图3-46 花序级次

前面6~7只幼果处于小拇指大小时进行疏果，疏除畸形果、病虫果和高级次的小花小果，根据市场需求、品种特性及长势，每花序留3~7只果（图3-47）。在3月以后开花结果，可以多留些果，以果压株，避免植株生长过旺。

图3-47 疏花疏果

（三）植株管理

1. 冬季管理

（1）叶片管理。草莓生长发育都依赖于叶片的光合作用生成的光合产物，叶片以2/5的叶序螺旋状着生，也就是说短缩茎上每片叶与其后面的第5片叶方位完全一致，上下重叠，叶片是光合产物的"源"，供给根、茎、花序、果实和新叶"库"，果实是最强大的"库"，果实成熟期间，光合产物大多被分配给果实，而分配给根和新叶的量会受限。叶龄约40天时，光合能力达到最大，叶龄约80天时还有较强的光合能力，主枝与侧枝的叶片以及侧枝与侧枝的叶片之间相互遮蔽，调查了有7片叶的营养生长期的草莓植株，发现最上位的3片展开叶约占光合量的2/3，相对而言，越是下方的叶片相互遮蔽越大，再加叶龄，对光合产物量贡献度就会下降，因此，摘叶要做到恰到好处，要根据叶片间遮蔽、叶龄以及生育期等，没有病虫为害情况下，等叶柄基部形成离层后摘除。

顶花序开花结果后，保留了1~2个侧枝，在顶花序顶果开始采收时，一般株型达到最大，随后进入严冬季，气温低，一方面展开叶的生理功能期延长，另一方面新出叶速度慢，叶片小型化，此期要多保留绿色功能叶，每株留叶8~10片，只掰除病老叶。如掰叶过多，将会影响产量和质量。及时摘除花茎。

（2）光照管理。对于休眠稍深、矮化明显的品种，可采用延时或电照间隙补光方式，维持植株长势，在11月下旬至12月上旬开始，至翌年2月下旬结束（图3-48）。长势强休眠浅的品种如红颊、香野不需要补光。影响草莓生长、品质和产量的最大制约因素是冬季光照不足，光照少带来棚温低。因此，在长期持续阴雨天气情况下，低能耗补充光照增强植株光合作用是栽培上的一个重要课题。

图3-48　冬季补光维持长势

（3）施用二氧化碳气肥。相关试验表明增施二氧化碳，能提高光合速率，生产性试验也表明在施足有机肥、土壤有机质含量高的情况下，施用二氧化碳气肥与不施的，产量差异不明显。在立架基质栽培或者在有机质含量低的土壤种植棚可能会存在"二氧化碳饥饿"现象，在冬季寒冷、光照充足的地区大棚草莓施用二氧化碳气肥效果就会明显一些。在冬季阴雨天多的地区，若能先解决光照不足条件下，再配合施用二氧化碳气肥，推测会有较好的效果。

2. 春季管理

开春以后，气温回升，植株生长加快。要及时整枝，一般每株留2~3个强壮的侧枝，若侧枝过多，容易造成郁闭。掰除病、黄叶外，适当保留部分老叶片，可抑制植株长得过旺。植株一旦长出二、三片新叶时，可用生长调节剂（如调环酸钙）进行控株，或者摘心叶方式，调节植株营养生长，提高果实品质。

此期，草莓白粉病、螨类、蚜虫等再度活跃，及时做好防治。

（四）水肥管理

水分管理必须根据生长时期、天气情况进行调节，11月至12月上旬，气温相对较高，植株生长旺盛，需水多，随后进入冬季需水量逐渐减少，从3月中旬开始需水量逐渐增加。水分不足就会抑制生长并导致产量减少；若灌水过剩，会导致果实硬度和风味下降。在生产实践中，通过早晨观察"叶缘吐水"情况进行评估（图3-49），叶缘水珠大，说明根系活跃，土

图3-49　叶缘吐水

壤水分充足。常规栽培7~10天滴水1次，每次1000千克左右，根据季节、天气和地下水位情况进行调整，前提是沟里不可滞水。滴水要在晴天进行。

果实膨大期追肥，宜采用高钾型水溶性肥，可提高草莓果实糖酸含量，改善风味，浓度控制在0.2%~0.4%，即2~4千克高钾型水溶性肥配1000千克水，结合肥水同灌，7~10天随水追肥1次。在

冬季可叶面喷施氨基酸类、海藻素类和中微量元素等叶面肥进行补充，在严寒来临前喷施芸苔素内酯＋磷酸二氢钾等可提高植株的抗性。种植前基肥比较充足的情况下，翌年2月中旬追肥1次，以后基本不追肥。

（五）果实发育与品质变化

1. 果实发育成熟

草莓的果实其实是花托膨大的假果，外面是种子，中心的髓被皮层包裹，中间由维管束填充，维管束也分布在髓和皮层组织中，皮层由表面的1~2层表皮细胞和内层薄壁细胞构成。髓和维管束发达的话，食用时感觉果肉不够细腻。

受精后胚胎形成于花后的10~14天，这期间主要是细胞分裂期，瘦果和花托组织迅速增长成绿色果，一般认为细胞分裂在花后15天结束，之后主要是细胞的膨大。果实的大小由品种决定，当然也取决于开花时期花托的细胞分裂数量。果实大小也与温度有关，早期高温会减少花芽发育期雌蕊列数，日平均气温越高，成熟所需天数越少，果实变小。从绿果至白果，再到转色，基本是细胞中液泡在扩大，积累糖分、合成花青素，果实软化，散发香气，直至完全成熟。

2. 果实品质变化

草莓果实品质要素大体分为六种：外观（形状、整齐度，色泽、鲜度、病虫害和生理障碍果）、口感（糖、酸、氨基酸、水分、香气、肉质）、营养性（维生素、矿物质、食物纤维、功能性成分）、安全性（有害物质、微生物）、货架期（硬度、颜色变化、劣化、贮运性）和加工特性。

鲜食果实品质，与口感有密切关系的是糖分、有机酸含量和糖酸比，果实糖度品种间存在着很大的差异，同一品种不同成熟期的糖度差别也非常大，果实从转色开始到成熟，糖分快速积累，有机酸含量逐渐下降（图3-50、图3-51）。果实可溶性固形物含量在12%以上，感觉风味浓，10%以下时会觉得淡，酸含量在0.5%左右感觉不到酸味，酸含量0.6%~0.8%适中，酸含量0.8%以上会感觉比较酸。一般讲，从开花至成熟的天数越长，果实风味越浓，冬季采收的草莓品质好，比较好吃，草莓促成栽培，10月中下旬开花的成熟天数约30天，12月上旬开花的果实发育期较长，需50~60天，3月开花的果实成熟天数逐渐变短，4—5月成熟天数只需25天。

图3-50 果实成熟阶段

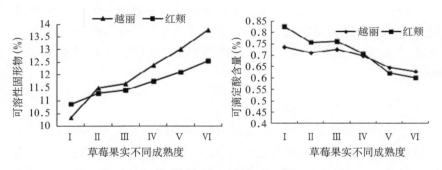

图3-51 不同成熟度草莓果实可溶性固形物、可滴定酸含量比较

色泽是草莓果实品质的重要要素，主要是花青素，还有少量类胡萝卜素，花青素含量品种间差异大，一般欧美品种颜色深，而日本品种颜色浅，同一品种与夜温关系大，夜温越高，促进花青素合成。草莓果实的着色不是绝对需要光，但有光照会促进着色，如栽培丰香时，采用挡叶方式，让果实着色好。从功能性营养角度看，花青素含量高的果实更好，但消费者喜欢鲜艳靓丽偏淡色，颜色暗黑的果实不受欢迎。

3. 提高品质的措施

影响果实品质的因素有品种、环境条件（温度、光照）和栽培措施（肥、水、植株状态）。首先要选择糖度高的品种，最好糖度高而且品质稳定的品种。其次，增施有机肥，改良土壤，为优质生产打好基础。第三是要根据品种特性和天气情况进行技术配套、综合管理。

任何能增加植株光合产物的措施都是有助于品质提升，如保持足够合理的叶片数，增加叶片厚度和叶绿色素含量，保持光合适温，冬季提高透光率。果实膨大后，少量多次追施水溶性高钾肥，有利于提高果实糖度，在越心品种上试验表明，与滴灌清水相比，每周滴灌1次水溶性高钾肥，果实可溶性固形物含量高出16%。加强疏花疏果，采用挡叶方式，使阳光能照到果实，促进果实着色，有助于生产优质果。要避免在果实成熟期一次性灌水过多和在草莓果实上喷施膨大剂之类，否则会影响口感。

3月中旬气温回升后，通过撤除裙膜，两端通风、或顶通风等降低棚内温度，延缓果实成熟速度，提高光合速率（在气温30℃以上就下降了），喷生长抑制剂，调控植株营养生长过旺，适当控水等措施提高品质。

（六）草莓清洁化方式

随着社会经济的发展，草莓观光休闲采摘消费成为一种时尚。在草莓园现场采摘时，一般都是现采现尝，可消费者常常抱怨目前土壤畦栽草莓园，沟内泥土裸露、滞水，地膜底部都是泥浆，草莓果实贴着泥土，清洁化程度低，严重影响了消费欲望。因此，应对消费者的需求，通过开发垫网清洁化栽培方式，净化草莓园的生产环境，提高草莓果品的清洁度（图3-52）。

铺设清洁网膜：平整沟面，并铺上地膜或者防水地布，在开花果实下垂前，在畦两侧的地膜上再铺设一层白色清洁网膜，清洁网膜与畦侧面同宽，利用"U"形铁丝将其固定畦上。整理已开花坐果的草莓花序并将其放置于清洁网膜之上。滴水时防止灌水过量渗入沟里。

图3-52 清洁化栽培方式

七、高架基质栽培

（一）高架栽培特征

高架栽培的目的是为了从传统草莓栽培过程中的"弯腰"作业中解放出来，减轻劳动强度。其优点是：不受土地土壤限制，避免土壤连作障碍；果实生长环境清洁卫生；观赏性好，适宜观光采摘；省力、工作环境干净；果实凌空，没有土栽时的地温可传导至果实，果温较低，成熟期变长，有利于提高品质，延长收获期（图3-53）。但因为与土壤隔离，养分、水分上下移动不成立，缓冲性差，养水分管理要求更高；基质温度受棚内温度的影响，变化幅度大，不利于根系生长和吸收。夜间产生的二氧化碳少，早晨棚内相对容易发生二氧化碳不足的现象。

（二）高架栽培装置及系统

高架栽培基本装置包括架式、栽培槽、栽培基质和肥水滴灌系

图3-53 立架基质栽培

统，还有循环风机、加温、二氧化碳增施、电照补光等辅助设施。

1. 架式

架式有单层平架、"品"字形双层架、"A"形多层架以及可上下移动吊挂架。比较实用的是单层平架，受光面一致，处于同一温层，养分、水分、通风管理等便于统一，应用面积最广。上下移动吊挂架可增加种植面积和株数，当栽培槽往上移动，下面空旷，方便活动，但一次性投入更大。

栽培架的制作与架式和栽培槽类型有关。如采用单层平架＋园艺布栽培槽组合的单层平架（"H"形），使用22毫米大棚管制作，外径宽30厘米，高100厘米，插入地下10厘米左右，8米单棚一般放置6列架，连栋棚可放置6~7列架。

2. 栽培槽

栽培槽根据材料分为园艺地布（土公布、无纺布）半圆形槽，泡沫材料，铁皮等制作成"U"形槽，各有利弊。园艺地布型有微小细孔，排水性较好，根系可以突出，扎出外面的会停止，有利于长侧根，根系在栽培槽底部不会圈根，细根多，使用年限3~4年。强化塑料板材、泡沫材料，铁皮等制作成"U"形槽，透水性稍差，根系在栽培槽底部会圈根，水分多时会发生沤根等情况。泡沫材料隔热效果好，基质温度比较平衡，使用年限长。

半圆形栽培槽制作方式，先用厚的黑白膜或塑料膜扣在二边棚管上，做成半圆形槽，深30~40厘米，再用园艺地布或土公布等扣在二边棚管上做成半圆形槽、深15~20厘米，基质用量每株约3.5升（图3-54、图3-55）。

图3-54 平层架、接液槽

图3-55 栽培槽

3. 栽培基质

草莓栽培基质要求 pH 值 6.0 左右，EC 值 0.4 以下，确保适度的保水性和通气性。基质配制的材料可就地取材，有的以泥炭为主，有的以椰糠为主，有的以树皮为主，搭配 2~3 种资材一起使用，只要配套相应的肥水管理方案都可以。轻型资材有泥炭、椰糠、珍珠岩、蛭石、炭化稻壳、树皮等。椰糠须脱盐，用清水淋洗。市面上有专用栽培基质销售。若是自配，可采用配方如泥炭（3 份）、珍珠岩（1 份）、蛭石（1 份）。

在种植前基质浇透水，再用 EC 计测试，若是 EC 值超过 0.5 以上，建议用清水淋洗至 EC 值 0.4 以下，有利于裸根苗发根。如果是种植基质穴盘苗，对基质 EC 值要求没这么严格。

4. 肥水滴灌系统

基质栽培用水量大，而且对水质要求也高，清洁水源很关键。肥水供给系统主要包括贮水（桶）池，水质差的话，还得设置水质净化设备，水泵，肥水定时定量控制器，管道和畦上镶嵌式滴管带等。

（三）栽培管理

1. 定植管理

土壤栽培定植未分化苗，若缓苗快，迅速吸收氮素，会导致花芽不齐、开花极度延迟的植株增加；而定植在不加肥料的新基质里，可以比土壤栽培提早 2~3 天定植，因为定植初期可调低供液浓度，能促使花芽分化。

有棚膜，基质温度会比土壤温度高，高温阻碍根茎部不定根的发生，土表下 2 厘米即根茎部处温度要低于 30℃左右才会发生。基质温度较高情况下种植裸根苗，缓苗慢且成活率低（表 3-11）。种植穴盘苗，高温影响相对较小，苗的根系下部还是能长新根，缓苗现象轻。种植裸根苗，最好选阴雨天，晴天一定要安排在下午至傍晚种植。

表3-11　基质温度对草莓裸根苗定植初期发根的影响

种植环境条件	棚内气温（℃）	土表下2厘米（℃）	土表下5厘米（℃）	土表下10厘米（℃）	新根数（条）	最长新根（厘米）
土栽，盖阳网	33	30	28	26	12	5.1
高架基质、棚膜＋遮网	39	36	33	32	4	1.4

注：定植后4天晴天、气温24~33℃，温度在13时测定，种后第四天调查

2. 施肥管理

基质栽培施肥管理有两类，一类是固体长效缓释肥＋液肥追施，另一类是采用营养液。生产上应用较多的是营养液管理方式。日本资料显示，营养液配方类型非常多，使用的营养液大体都是参考霍格兰氏或日本园试配方，在草莓上使用效果看，不同配方的营养液对草莓生长、产量的影响没有明显差异，比起肥料组分差异，不同生育期使用的营养液浓度对草莓植株生育影响很大。使用的灌溉水却是非常关键，若是灌溉水 pH 值偏高，会影响铁、钙、镁等吸收。目前使用的营养液肥，购买硝酸钾、磷酸二氢钾、硫酸镁等单一肥料进行配制，或者选购不同配比水溶性肥料，如20—20—20+TE、12—4—14—6Ca—3Mg+TE、15—5—30+TE 等类型水溶性肥料，进行搭配，也可以委托专业公司配制。

草莓种植过程中，草莓根系对养分浓度敏感，基本原则是低浓度管理。灌溉水的 EC 值0.3以下、pH 值6.0左右为宜，营养液浓度和灌水量随生育期进程而有所变化，管理要求参考表 3-12、表 3-13。若发现排液、或基质内 EC 值偏高，通过灌清水进行调整。

表3-12　营养液进液主要营养成分与浓度（单位：毫克／升）

全氮素	NO_3-H	NH_4-N	P_2O_5	K_2O	CaO	MgO	S	Fe	B_2O_3	MnO	Zn	Cu	Mo
125	113	12	60	201	148	32	27	1.5	0.4	0.7	0.11	0.02	0.03

注：表中数据为日本4种营养配方各营养组分的平均值

表3-13 草莓生育期与营养液EC值、pH值

生育期	定植~定植后	显蕾开花期	收获开始期	3月后
EC 值(ms/m)	0.5~0.6	0.6~0.7	0.8~1.0	0.6~0.7
使用浓度(%)	60	80	100	60~80
pH 值	全程5.5~6.5			

3. 环境调控

温度管理方面，基本上与土壤栽培并无差异，一般棚内气温5℃是最低温度管理标准。基质温度一天的变化是8时左右最低，之后慢慢升高，16时左右最高，随后又慢慢回落。采用园艺地布、土公布栽培槽，其基质温度与棚内80厘米处气温相近，在冬季可使用薄膜围住栽培架进行提温保温。基质栽培保温初期，要注意夜温过高，防止草莓植株徒长。

前面讲过，立架基质栽培条件下棚内早晨时间段可能会存在"二氧化碳饥饿"现象，影响光合速率。增施二氧化碳气肥，要求大棚密闭条件，每天早晨至上午开棚通风前三四个小时，一般从日出前开始加温和增施二氧化碳比较经济有效。在冬季可采用电燃油暖风机，既能升温防冻又能补充二氧化碳，加温和补气两个装备也可以分设、联动。

4. 植株管理

植株管理主要有整枝、去老叶、疏花疏果、防病虫等，与土壤种植基本相似。基质栽培时，缩小株距，管理上要避免侧芽过多而造成植株间郁蔽，采用保留1~2个侧枝方式。避免氮肥过多，导致植株营养生长过旺（图3-56）。冬季围膜保温，维持根系活力（图3-57）。

八、草莓质量安全与主要病虫害绿色防控

（一）草莓质量安全

随着社会经济的发展和生活水平的提高，消费者越来越注重草莓质量安全，不但要吃得好还要吃得健康。因此，生产者一定要提高质量安全意识，把控好草莓质量安全关。广义讲质量安全指标有卫生方

图3-56 基质栽培植株管理

图3-57 冬季围膜保温

面如尘埃、微生物等，重金属含量，农药残留以及其他不利于健康的物质，现在最为关注的是农药残留，我国有关部门会定期发布相关农药残留量的最高限量，生产者一定要充分了解清楚各种规定，严格按照合格农产品质量标准进行生产。

（二）绿色安全生产基本策略

在整个栽培过程中，特别是在草莓开花结果后尽可能地少用化学农药，这是降低农残的最有效的措施。

草莓病虫害绿色防控技术要点是：强化农业防治，应用物理防治、诱控措施、生物防控措施，辅以化学防治，有效控制病虫为害，既保证草莓质量安全，又能达到目标产量。

1.农业措施

通过耕作制度、农业栽培技术以及农田管理的一系列技术措施，调节害虫、病原物、杂草、寄主及环境条件间的关系，减少害虫的基数和病原物初侵染来源。创造有利于草莓生长的条件，健壮栽培，提高植株抗病虫害能力，包括土壤消毒及改良、培育壮苗、适时定植、合理施肥、株相调控等。创造不利于病虫发生的环境，包括园区清洁、全园覆膜、大棚温湿度合理管理等。在盖膜前后彻底防治病虫，降低棚内各种病虫基数。

2.生物措施

生物防治是利用生物或生物代谢产物来控制害虫种群数量的方法。生物防治的特点是对人畜安全，不污染环境，有时对某些害虫可以起到长期抑制的作用，而且天敌资源丰富，使用成本较低，便于利用。生物防治是一

图3-58　以螨治螨

项很有发展前途的防治措施，是害虫综合防治的重要组成部分。生物防治主要包括以虫治虫、以菌治虫以及其他有益生物利用等（图3-58）。

3. 物理措施

应用机械设备及各种物理因子如光、电、色、温、湿度等来防治害虫的方法，称为物理防治法。其内容包括简单的淘汰和热力处理，人工捕捉和最尖端的科学技术（如应用红外线、超声波、高频电流、高压放电）以及原子能辐射等方法。目前，诱虫灯、防虫网、性诱捕器等已被广泛应用（图3-59）。

4. 化学防治

药剂防治优先选用已获准在草莓上登记农药，优先选用生物农药和矿物源农

图3-59　杀虫灯

药，宜选用水剂、水乳剂、微乳剂和水分散粒剂等环境友好型剂型，在其他防治措施效果不明显时，合理选用高效、低毒、低残留农药。药剂防治要严格掌握施药剂量（或浓度）、施药次数和安全间隔期，提倡交替轮换使用不同作用机理的农药品种。

（三）主要病虫害防控

1. 主要病害

（1）炭疽病。炭疽病是草莓苗期的毁灭性顽固性病害。近年来，随着红颊等易感品种栽植面积不断扩大，草莓炭疽病呈明显上升趋势，尤其是在草莓连作地，给培育健壮苗带来了严重障碍。炭疽病原

菌在5~40℃范围内均可生长，最适温度为20~32℃、相对湿度80%以上，是典型的高温高湿型病菌。主要发生在育苗地的中后期和定植至盖地膜期。

①为害症状：叶片发病初期表现为相对规则且整齐的椭圆形的墨汁病斑。匍匐茎和叶柄上表现为长3~7毫米黑色纺锤形溃疡状病斑，稍凹陷。短缩茎发病时能导致整个草莓植株的死亡，病株起初是1~2片嫩叶失去生机下垂，傍晚或阴天恢复正常，随着病情加重，逐渐枯死，横切枯死病株根冠部观察，可见自外向内发生褐变，但维管束未变色（图3-60）。

②防治方法：选用抗病品种，可采用避雨，离地，基质穴盘等育苗方式，减轻病害发生；选择无病种苗，避免育苗地连作，实施水旱轮作，进行土壤消毒；控制苗地繁育密度，氮肥不宜过量，培育健壮植株，提高植株抗病性；及时摘除病叶、病茎、枯叶、老叶，挖除带病残株，并带出苗圃集中销毁或深

图3-60　炭疽病根茎部、叶柄匍匐茎、叶片症状

埋，减少病菌传播；该病以预防为主，重点做好草莓育苗期和定植初期防治。

育苗前期，重点喷施母株根茎部、新抽生的匍匐茎及其周边土表，每5~7天预防1次，药后如遇大雨，应及时补喷；育苗中期，控密控徒长，适度压苗，培育壮苗，重点喷淋母株和子苗根茎部、匍匐茎及周边土表，压苗应视不同药剂控苗时间而定，一般间隔10~25天。压苗须等植株有新叶抽生后才可再次进行，直至8月中旬停止使用三唑类药剂，开始放苗，严防田间积水，持续干旱时宜在傍晚适量灌溉；定植后重点喷施草莓根基部及周边种植穴。

药剂防治应选对口的预防剂与治疗剂同时使用，连续交替喷雾防治。预防药剂如代森锰锌、嘧菌酯、丙森锌、吡唑·代森联、氟啶胺、二氰蒽醌等；治疗药剂如咪鲜胺、咪鲜胺锰盐、苯醚甲环唑、吡唑·氟酰胺、吡唑醚菌酯、苯醚甲环唑+氟唑菌酰胺、二氰蒽醌·吡唑醚菌酯、氟菌·肟菌脂、戊唑醇·肟菌酯等；其中三唑类具有压苗效果的药剂如：苯醚甲环唑、氟菌·肟菌脂、戊唑醇·肟菌酯、戊唑醇、腈菌唑等。

（2）白粉病。白粉病在保护地栽培的条件下，由于温度条件比较适合该病的发生，空气湿度又比较高，故比露地栽培发生严重。病菌侵染的最适温度15~25℃、相对湿度80%以上。常年发病盛期在10月下旬至12月及翌年2月下旬至5月上旬。

①为害症状：主要为害叶、果实、果梗。发病初期叶背面局部出现薄霜似的白色粉状物，叶片上产生大小不等的暗色污斑，以后迅速扩展到全株，随着病势的加重，叶向上卷曲，呈汤匙状；花蕾、花感病后，花瓣变为粉红色，花蕾不能开放；果实感染病，幼果停止发育、干枯，后期果面覆盖白色粉状物，着色差且不均匀，失去商品价值（图3-61）。

②防治方法：选用抗病品种；注意氮肥施用，防止植株太嫩，注重园地的通风透气降湿；加强栽培管理，做好清园工作，及时掰除老叶、病叶，摘除病果，并集中烧毁或深埋。药剂防治以预防为主，重点应抓住母苗定植后至3次子苗发生期、保温前后和3月果实采收间

图3-61 白粉病叶片、果实症状

歇期三个时期，特别是保温前后要加强白粉病的预防，发病初期重点在发病中心及周围喷氟唑菌酰羟胺·苯醚甲环唑、氟菌·肟菌脂、吡萘·嘧菌酯、醚菌酯、乙嘧酚、四氟醚唑、醚菌·啶酰菌、枯草芽孢杆菌等，要求喷药均匀周到，每隔7~10天1次，连续防治2~3次。扣棚后可用硫磺熏蒸器熏杀灭菌，3~5天1次，连续使用。

（3）灰霉病。灰霉病是草莓生产中普遍发生的重要病害之一。病菌喜温暖潮湿的环境，发病最适条件温度为18~25℃，相对湿度90%以上。常年发病盛期在11—12月及翌年2月中下旬至5月上旬。

①为害症状（图3-62）：主要为害花器、果实和叶片，花器染病，初在花萼上产生暗红色水渍状小斑点，后扩展为不规则病斑，并侵入

图3-62 灰霉病果实、花萼症状

子房或幼果；湿度大时病部产生灰色霉层，随着果实膨大，病斑逐渐扩大，全果变软，密生灰色霉状物，湿度高时长出白色絮状菌丝。叶片染病，初始有水渍状病斑，有时病部微具轮纹。

②防治方法：选择抗病品种；控制施肥量、栽植密度；棚内地膜全覆盖并及时通风换气，避免棚内出现长时间的高湿状态；及时清除老叶、病叶、病果、病花，并将病残体烧毁或深埋，减少再次侵染源。用药最佳时期在草莓第一花序有20%以上开花，第二花序刚开花时。可选用氟啶胺、嘧菌环胺、苯甲·氟酰胺、啶酰菌胺·醚菌酯、咯菌腈、唑醚·啶酰菌、枯草芽孢杆菌等药剂，喷雾防治，注意交替用药。

（4）红中柱根腐病。红中柱根腐病又称红心病、红心根腐病，近几年在草莓上呈蔓延趋势，发生速度快，易造成毁灭性损失。病原菌菌丝适宜生长温度为20℃以下，最适温度7~15℃，土壤湿度高、低洼排水不良或大水漫灌田块易发生。

①为害症状（图3-63）：主要侵染根部和茎部。苗期表现为雨后叶尖突然萎凋，不久则呈青枯状，全株迅速枯死；定植后发病初期表现为在不定根的中间部位表皮坏死，形成1~5毫米长红、黑褐色梭形长斑，病部不凹陷。病叶叶缘变褐、微卷，逐渐从叶缘向内扩展，叶肉先失绿黄化，最后整张叶片变红褐色，严重时全片枯死。横切病株根茎基部，发病初期可见根茎基部横截面有不完整黑色环形，病情加重时，褐色环闭合加粗，且中柱开始由白色逐渐变为褐色、红褐色，像炭化一样逐渐变硬，最后根茎部全部被炭化，植株彻底死亡。

图3-63　红中柱根腐病

②防治方法：该病以预防为主，实施水旱连作，利用太阳能结合棉隆或石灰氮进行土壤消毒；采用高畦深沟栽培，增强土壤的通透性；药剂防治可用恶霉灵＋精甲霜灵、吡唑·代森联、精甲·咯菌腈、精甲霜·锰锌等喷淋防治，施药时应以植株基部及灌根为主。

（5）枯萎与黄萎病。枯萎、黄萎病属土传真菌性维管束病害，是草莓生产中的常见病害之一。该病在长期连作和前作是茄子、马铃薯土豆、棉花作物地区，发病更重。病菌喜温暖潮湿环境，发病最适气候条件为 25~32℃，相对湿度 60%~85%。发病盛期在 5—6 月、8 月下旬至 10 月。

①为害症状：草莓枯萎病发病初期叶柄出现黑褐色条形长斑，外围叶自叶缘开始变为黄褐色；草莓黄萎病植株新生叶变黄绿色；两种病害叶片均会卷缩或畸形，3 片小叶中往往出现 1~2 叶畸形或变狭小硬化，表面粗糙无光泽。畸形叶多发生在植株的一侧，呈现"半身凋萎"症状。植株生长不良，逐渐矮化，根系减少，根变为黑褐色，枯萎，直至全株死亡。切开病株根茎，横切片可见维管束褐变（图 3-64）。

图3-64　黄萎病

②防治方法：该病以预防为主，实施水旱连作，利用太阳能结合棉隆或石灰氮进行土壤消毒；尽量避免连作，且不要与茄科作物连作；严禁在发病草莓园选留繁殖专用母株；发现病株及时拔除并集中销毁；药剂防治可选用嘧菌酯、甲霜·恶霉灵、恶霉·福美双、恶霉

灵等喷淋植株根茎部，每隔7~10天1次，连续3~4次。

（6）叶斑病。叶斑病可分为轮斑病、蛇眼病、角斑病、黑斑病、褐斑病以及叶枯病。是草莓常见病害之一，发生较为普遍。病菌喜温暖潮湿，主要发生在育苗地与栽植缓苗期。叶斑病主要由真菌类，也有细菌类侵染所致，主要发生在育苗期，以梅雨季前后、夏天高温阵雨季节尤为严重，降雨量过多和苗地过湿也易诱发该病。

①为害症状：轮斑病主要为害叶片、叶柄和匍匐茎，在叶面上产生紫红色小斑点，并逐渐扩大成圆形或椭圆形的紫色大病斑，病斑中心深褐色，周围黄褐色，边缘红色、黄色或紫红色，有时有轮纹（图3-65）。

蛇眼病主要为害叶片，叶片出现深紫红色的小圆斑，以后逐渐扩大为直径2~5毫米的圆形或长圆形斑点，中心为灰色，周围紫褐色，呈蛇眼状。

角斑病主要为害叶片，初始产生暗紫褐色多角形病斑，不受叶脉限制，病斑边缘色深，扩大后变为灰褐色，后期病斑上有轮纹。

黑斑病主要为害叶、叶柄、茎和果实。叶片染病，在叶片上产生不规则病斑，略呈轮纹状，中央呈灰褐色，叶柄及匍匐茎染病，常产生褐色小凹斑，果实染病后产生黑色病斑，上有黑色霉层。

②防治方法：适时摘除病叶、老叶是防治该类病的有效

图3-65 叶斑病

方法之一。药剂防治在发病初期可用代森锰锌、代森联、吡唑·代森

联、吡唑醚菌酯、嘧菌酯、苯甲·氟酰胺、噁酮·锰锌等药剂喷施防治，湿度高时可加防治细菌性农药如中生菌素、叶枯唑、噻唑锌等。

2.主要虫害

（1）叶螨。为害草莓的叶螨主要有朱砂叶螨和二斑叶螨，俗称红、黄蜘蛛。叶螨最适湿度为25~30℃，最适相对湿度35%~55%，高温低湿为害重，尤其干旱季易发生。

①为害症状：朱砂叶螨以成螨、若螨在叶背刺吸植物叶液，发生量大时叶片灰白，生长停滞，并在植株上结成丝网；二斑叶螨为害初期叶片正面出现针眼般枯白小点，逐渐增多，导致整个叶片枯白（图3-66）。植株叶片越老，含氮越高，叶螨也随之增多。

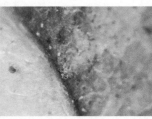

图3-66　从左至右为：二斑叶螨、朱砂叶螨、叶片为害状

②防治方法：及时适当灌浇水，避免干旱；及时铲除周围杂草，摘除虫叶、老叶和黄叶，集中销毁；生物防治。保护天敌，加强虫情调查，尽量减少喷药次数。有条件的可释放捕食螨、草蛉等天敌，对压低叶螨前期虫口基数，控制叶螨为害高峰具重要作用；根据叶螨的发生规律、药剂性能，掌握施药的关键时期，彻底消灭在初发期。当田间出现受害株时，在2%~5%叶片出现叶螨，每叶螨量达到2~3头时喷药防治。药剂防治可选用乙唑螨腈、联苯肼酯、丁氟螨酯、螺螨酯、阿维菌素等喷雾防治。红蜘蛛卵、幼螨、若螨、成螨各种虫态世代重叠，故大发生期要连续喷药防治3次，每隔5~7天1次，一般选用杀虫和杀卵的药剂混配，加99%矿物油防效更佳。二斑叶螨对一些常用杀螨剂具有很高的抗药性，在使用药剂时不要随意提高用药浓度，防止药害。育苗期与草莓生产期使用的农药种类分列，草莓生

产期选用用低毒高效、安全间隔期短的农药。

（2）蚜虫。蚜虫是为害草莓的重要害虫，为害草莓的蚜虫有多种，常见的有桃蚜和棉蚜，近年黄蚜为害严重。

①为害症状：通常以初夏和初秋发生密度最大，成虫和若虫大多群聚在草莓嫩叶叶柄、叶背、嫩心、花蕾、花茎为害，吸取汁液，造成嫩芽萎缩，嫩叶皱缩、卷曲变形，不能正常展叶。蚜虫在吸取汁液的同时，不断分泌蜜露，诱发煤污病，污染果实和影响光合作用（图3-67）。更严重的是，蚜虫是一些病毒的传播者，只要吸食过感染病毒的植株，再迁飞到无病毒植株上吸食，即可将病毒传播到另一植株上，使病毒扩散，造成严重为害。

图3-67 蚜虫

②防治方法：及时摘除老叶销毁，清除田间杂草，减少虫源，采取银灰色薄膜避蚜和设黄板诱杀有翅蚜；保护利用天敌，主要天敌有食蚜蝇、异色瓢虫、草蛉及蚜茧蜂等都能捕食或寄生大量蚜虫；药剂防治可选用氟啶虫酰胺、螺虫乙酯、氟啶虫胺腈、噻虫嗪、苦参碱、啶虫脒、吡虫啉等药剂进行喷雾防治。育苗期与草莓生产期使用的农药种类分列，草莓生产期选用低毒高效、安全间隔期短、对蜜蜂伤害小的农药。

（3）蓟马。蓟马种类很多，为害草莓的蓟马主要有2种，分别是棕榈蓟马和花蓟马。浙江地区6—7月数量上升，8—9月为害高峰期，在夏、秋高温季节发生严重。

①为害症状：蓟马白天多在叶背或腋芽处，以阴天和夜间活动取食，成虫和若虫均以锉吸植株心叶、嫩梢、嫩芽、花和幼果的汁液，被害植株嫩叶、嫩梢变硬缩小，生长缓慢，节间缩短；幼果受害后表

面产生黄褐色斑纹或绣皮，茸毛变黑，甚至畸形或落果（图3-68）。

②防治方法：清除田间杂草和残株老叶，集中处理，减少栖息场所，可减轻为害。药剂防治可选用乙基多杀菌素、苦参碱、螺虫乙酯等喷施。喷药时注意喷心叶及叶背。

（4）斜纹夜蛾。斜纹夜蛾是一种暴食性、杂食性害虫。在草莓育苗中后期一直到开花结果期均会发生为害。属喜温性害虫，抗寒力弱，发生最适温度28~32℃，相对湿度为75%~85%，盛发期7—9月。

①为害症状：主要以幼虫咬食叶、蕾、花及果实。1~2龄幼虫群集啃食叶下表皮及叶肉，仅留下上表皮及叶脉成窗纱状；3龄开始分散为害，并昼伏夜出咬食苗心或叶片，严重时仅留

图3-68　蓟马及为害果实、叶片症状

下光秃的叶柄，有假死性，对阳光敏感，晴天躲在阴暗处或土缝里，夜晚、早晨出来为害。该虫对药剂抗性强，白天躲于苗心和株基部的土中，防治困难（图3-69）。

②防治方法：利用成虫的趋化性和趋光性，可用黑光灯、糖醋液等诱杀；以用性诱捕器为佳，每亩1只；可利用蜘蛛、赤眼蜂等自然天敌，以控制此虫为害；根据幼虫为害习性，选择在傍晚太阳下山后施药，用足药量，均匀喷雾叶面及叶背。药剂防治可选用氯虫苯甲酰胺、四氯虫酰胺、溴氰虫酰胺、阿维菌素、虫螨腈、虱螨脲等。喷药

图3-69　斜纹夜蛾及被啃食的叶片

的重点是苗心和植株基部。

（5）地下害虫。为害草莓的地下害虫主要有小地老虎、蛴螬（图3-70）、蝼蛄。

①为害症状：主要咬食草莓根、茎，影响植株的长势，造成幼苗枯死。蝼蛄在地下活动，将表土穿成许多隧道，使幼苗根部与土壤分离，造成幼苗因失水干枯致死，缺苗断垄。小地老虎有时还会咬食果实成虫有趋光性，喜欢在近地面的背面产卵，或在杂草及蔬菜作物上产

图3-70　蛴螬

卵，幼虫食性很杂，3龄以前幼虫，栖于草莓地上部分为害，但为害不明显，3龄以上幼虫肥大、光滑、暗灰色，带有条纹或斑纹，为害较重，白天躲在离表土2~7厘米以上的土层中，夜间活动取食嫩芽或嫩叶，常咬断草莓幼苗嫩茎，也吃浆果和叶片。

②防治方法：实行水旱轮作。栽前认真翻耕、整地，苗地中耕、细耙，消灭表层幼虫和卵块；药剂防治可选用联苯·噻虫胺颗粒剂、

阿维菌素、氯氰菊酯、高效氯氟氰菊酯、氯虫苯甲酰胺等。

（6）其他害虫。蜗牛和野蛞蝓。

①为害症状：蜗牛成贝和幼贝以齿舌食叶、茎、果，造成空洞或缺刻。野蛞蝓以幼虫和成虫刮食造成缺刻，并排泄粪便污染草莓，常引起弱寄生菌的侵入。

②防治方法：及时清除田边杂草，在田间堆积树叶、杂草、菜叶，夜间诱集害虫，白天可人工捕杀。药剂防治可选用四聚乙醛、甲萘威、三苯醋酸等进行条施或点施。

九、采收与贮运

（一）采收

草莓开花至成熟所需的天数，温度起主要作用，温度高、时间短，反之则时间长。在促成栽培条件下，10月中下旬开花的成熟天数约30天，12月上旬开花的果实发育期较长，需50~60天，以后成熟天数逐渐变短，5月成熟天数只需25天。草莓自开花至果实成熟，需要有效积温达600℃时即可，如平均气温20℃时30天就可成熟。

适宜的采收成熟度要根据气温环境、果实用途、销售市场的远近等因素综合考虑。采收过早会影响果实质量和风味；采收过晚，浆果很容易腐烂，造成损失。当草莓果实在九成至全熟时，风味最好，只有少数蔗糖积累型如章姬、丰香在八成着色时风味接近完全成熟。所以一般鲜食果以果面着色90%以上时采收为宜，远距离运输销售，以果面着色80%以上时采收。六七分成熟的草莓果实，在采后放置2~3天后，也会完全着色，但味淡。因此，为保证草莓消费时的品质，需采用冷链方式。供加工果汁、果酒、饮料、果酱和果冻的，要求果实完熟时采收，以提高果实的糖分和香味（图3-71）。

采收时应注意以下几点。

一是要分批分期采收。草莓的一个果穗中各级序果的成熟期不一样，必须分批分期采收。采收初期每隔1~2天采收1次，盛果期坚持每天采收，每次采收都将成熟度适宜的果实采净。

二是要适时采收。一天中草莓的采收，应尽可能地在清晨露水已干至午间高温来临之前或傍晚天气转凉时进行，即 8—10 时或 16—18 时进行，不摘露水果和晒热果。因早晚气温低，果实较硬，宜于贮运，且果梗较脆便于采摘；中午前后往往气温偏高，果实发软果皮易碰伤流汁，影响贮运及商品质量，而且果梗变软会使采收更费工时。露水未干时采收的果实容易腐烂，且不宜长途贮运。

三是要细收、轻放。草莓浆果的果皮薄、果肉柔软多汁，极易碰伤。采

图3-71　白色粉色品种及红色品种

摘时应戴符合食品卫生的洁净软质手套，要轻摘、轻拿、轻放，不要损伤花萼，采摘时连同花萼自果柄处摘下。为避免过多倒箱，采收时将果实按大小边采收、边分级，轻放在不同的销售容器内，随时剔除畸形果、病、虫果。另一种方式，采摘放置在合适的容器，容器的内壁要光滑、底平、深度较浅，可用浅木箱、浅塑料箱、搪瓷盆等，再在室内进行分级包装。果实采后应立即置于阴凉通风处，及时转移到预冷场所。

（二）贮藏保鲜

1. 预冷

当采摘果实温度高于10℃时，需进行预冷。果实采收后预冷宜

在2小时内进行，预冷方式可采用冷库预冷、差压预冷等，使果实中心温度尽快预冷至8~10℃。预冷可提高果实硬度。

2. 常规低温贮藏法

将预冷过的草莓果实可直接包装销售，也可在低温下作短期贮藏。采用低温冷藏库法、气调冷藏法。目前国内使用较多的利用聚乙烯薄膜保鲜袋包装，采用0.04毫米聚乙烯薄膜包装，置于2~4℃、相对湿度为85%~95%的条件。当地市场鲜销的草莓，贮藏期限不宜超过5天。

3. 速冻贮藏法

草莓要长期贮藏，目前最好的方法是速冻贮藏。速冻要求果实形状完整，无病虫，果实成熟度以果面着色80%以上，色、香、味以已充分显示品种特色为宜。速冻工艺流程为：果实验收→洗果→消毒→去萼片→选别→控水→称重→加糖→摆盘→速冻→包装、密封、装箱→冷藏。

（三）包装运输

1. 分级与包装

搞好草莓果实的分级，是保证质量、提高果实商品价值的重要环节。草莓具有连续结果习性，不同成熟季节，果实糖酸变化较大，因此，一般按果实外观、大小分级，按国内销售习惯分成大、中、小三级，礼品级会更加注重外观漂亮、一致性好。在草莓包装前按如下标准进行分级，等级标准（表3-14、图3-72）。

表3-14　草莓的等级规格

类别	大	中	小	等外果
基本要求	具有该品种特性，成熟度适中，新鲜，色泽良好，形态正常，个体均匀，外观清洁，无腐烂、无异味，无影响食用的病虫为害状，质量安全符合国家标准要求			同一品种，外观清洁，无腐烂、无异味，无影响食用的病虫为害状质量安全符合国家标准要求
色泽	具有本品种成熟时应有的色泽			允许着色欠佳
单果重	30克以上，允许5%误差	20克以上，允许5%误差	10克以上，允许5%误差	允许个体不均匀

图3-72　果实分级包装

包装容器（箱、袋）卫生要求清洁、干燥、牢固、透气，无污染、无异味、无霉变现象。目前比较好的包装为内、外分开包装，外包装为纸箱，内装4~6小盒，每小盒装果6~15粒。电商销售时，果实不可移动，包装要坚实。应按同品种、同规格分别包装。批发框、箱以塑料、泡沫材料为主，以一层装为宜。在包装上系好标签，标明品种、净重容量、生产单位、产地、采摘日期、经销单位名称等（图3-73、图3-74）。

2. 运输

草莓果实的运输宜采用冷藏车、保温车，车内温度2~4℃。装车时要把箱摆平放稳，果箱挨紧，防止颠簸转位时碰压草莓。在温度较

图3-73　草莓塑料框一层装

图3-74　果实盒装

低的冬季，可用一般的有篷卡车，行驶平衡；进入3月中下旬，温度渐高后，较长距离运输的应用冷藏车或采用冰块降温运输。

十、产品加工

（一）草莓汁

草莓汁加工的原料主要包括：草莓果实、白糖、柠檬酸、苯甲酸钠、果胶酶等。制作的生产工艺流程为：原料选择→摘果柄、洗涤→烫果→破碎→榨汁→粗滤→脱气→（澄清、过滤）→成分调整→装罐封口→杀菌→冷却→（贴标、包装、贮存）→成品。

供制汁的品种要选用可溶性固形物含量高、含酸量高、色泽深红、耐贮运的品种。果实要求新鲜良好、充分成熟、风味正常、无病虫、伤疤、无变质腐烂和萎缩的优质果。选好的草莓果实在洗涤槽内浸洗1~2分钟，除去泥沙和杂质，再放入0.03%高锰酸钾溶液中消毒1分钟，然后再用流动水冲洗，或换水2~3次清洗。摘除果柄和萼片后，再淋洗或浸洗1次，沥干水。将果实放入沸水锅中烫果30秒至1分钟，然后捞出破碎，制成草莓果浆。在果浆中加入适量（果汁重0.05%）的果胶酶，在40~42℃温度下保温1~2小时。榨汁可采用多种榨汁机，榨出的果汁进行粗滤并脱气。添加0.05%的苯甲酸钠或山梨酸作防腐剂，倒入密闭的容器中放置3~4天即可澄清，最好置于冷库中澄清。澄清后取上清液，可用孔径0.3~1毫米刮板过滤机或内衬80目的离心机细滤。用膜过滤机效果更好。过滤时采用加压或减压，可加速过滤。调配使草莓汁的糖度在11%~12%、酸度0.8%。成分调整时使可溶性固形物与酸度比为（20~25）:1。装罐封口后进行杀菌（采用超高温瞬时杀菌法，即121℃10秒钟，应在装罐前进行），置于80℃左右的热水中采用以巴氏灭菌20分钟，分段冷却至40℃以下，而后包装、入库、检验。

成品草莓汁呈红色或紫红色，色泽均匀，有光泽，甜酸适口，具有鲜草莓的风味，澄清透明，不允许有悬浮物存在。含糖量为11%~12%，含酸量为0.8%。

（二）草莓酱

草莓果酱的一般工艺流程为：原料选择→去果梗和萼片→清洗→配料和溶化果胶→软化及浓缩→（装罐、封口）→杀菌→冷却→成品。

选用含果胶及果酸量高、香味浓的品种。成熟度八九成，果面呈红色或浅红色，新鲜，无异味和腐烂的果实。除去果梗、萼片后清洗。高糖草莓酱的配方为：草莓鲜果实100千克，白砂糖120千克，柠檬酸300克，山梨酸75克。低糖草莓酱的配方为：草莓果实100千克，砂糖70千克，柠檬酸800克，山梨酸50克。柠檬酸的用量还可根据草莓的含酸量进行适当调整。白砂糖使用前配成75%的糖液。柠檬酸和山梨酸在使用前用少量水溶解。用开口锅熬制成浓糖液，加热至90℃时，放入果实，酱体浓缩至可溶性固形物含量45%时加入山梨酸溶液；浓缩至可溶性固形物达51%时加入低甲氧基果胶1 600克；加入后调整可溶性固形物含量至50%时加入柠檬酸。搅拌均匀后即可装罐。在85℃条件下装入250毫升四旋玻璃瓶中，密封后在沸水浴中杀菌10分钟后，逐渐用水冷却至罐温达35~40℃为止。再擦罐，贴标即为成品。

成品草莓酱色泽呈紫红色或为红褐色，有光泽，均匀一致，具有良好的草莓风味，无焦糊味及其他异味；甜酸适口，酱体呈浓稠状并保持部分果块，置于水面上能徐徐流散，但不得分泌液汁、无糖的结晶；不允许存在果柄及萼片等杂物。总糖含量以转化糖计高糖草莓酱不低于57%，低糖草莓酱总糖量46%~48%；可溶性固形物，按折光计高糖草莓酱达65%，低糖草莓酱达49%~50%；每1 000克成品酱中重金属含量：锡≤200毫克、铜≤10毫克、铅≤3毫克；无致病菌及因微生物作用所引起的腐败现象。

（三）草莓脯

草莓脯的制作工艺流程为：原料选择→除果梗、萼片→清洗→护色硬化→漂洗→糖渍→糖煮→烘烤→整形→成品。

选择色泽深红、果实质地致密、硬度大、果形完整、耐煮及汁液少的品种。取成熟果实，除去果梗、萼片，清洗干净。清洗后放入

0.1％~0.2％亚硫酸盐和钙盐溶液中浸泡3~5小时进行护色和硬化处理，果实经漂洗后放入40％~45％的糖液中浸渍10~12小时，捞出后加糖提高糖液浓度，并加入适量的柠檬酸，再将果实浸渍18~24小时，然后加糖煮沸至可溶性固形物达65％时，再将果实浸渍20小时后捞出、沥干。将浸渍完毕的果实摆放在烤盘上，置于55~65℃温度条件下烘烤至不黏手时即可。将烘烤好的草莓果脯整理成扁圆锥形，按大小色泽分级。用无毒的玻璃纸及塑料袋包装。

成品草莓脯为紫红或暗红色，具光泽、果呈扁圆形，大小均匀；不黏手，不返沙。具有草莓风味，甜酸适度。理化指标：总糖60％~70％；水分含量为18％~20％；二氧化硫残留量≤0.004克/千克。菌落总数≤100个/克；大肠杆菌数≤30个/100克；无致病菌。

（四）草莓蜜饯

草莓蜜饯的工艺流程为：原料选择→（摘除果柄和萼片）→清洗→护色硬化→漂洗→糖渍→装罐→排气密封→杀菌冷却→成品。

将加工草莓果汁、速冻草莓或草莓酱等产品时剩下的、无霉烂变质的草莓果肉，或者使用不容易出售的小草莓作为原料。注意剔除原料中的枯叶、烂果及其他杂质。摘除果柄、萼片、护色、硬化处理同草莓果脯。硬化处理后的果实经漂洗放入一定浓度稀糖液中浸渍18~24小时，将果实捞出沥干，加糖及适量柠檬酸后，加热浓缩提高糖液浓度，将果实倒入糖液中再浸渍18~24小时。将果实和糖液加热煮制至汁液的可溶性固形物达65％时，将果实捞出装罐，糖液过滤后注入罐内。趁热（罐中心温度在80℃左右）排气密封后在沸水中杀菌15~20分钟，取出分段冷却后即为成品。包装好的成品在10℃以下贮存，库内应保持干燥，避强光，相对湿度小于70％。

成品草莓蜜饯的总糖度应在45％以上；固形物不低于净重的55％~66％；二氧化硫残留量在0.006克/千克以下；检不出铜、铅、砷；感官和卫生指标达到省级规定的质量标准。

（五）糖水草莓

糖水草莓的工艺流程为：选果→（去果柄和萼片）→漂洗→烫

漂→装罐→加糖液→排气密封→杀菌冷却→成品检验。

一般应选择果实颜色深红、硬度较大、种子少而小、香味浓郁的品种。选果时剔除腐烂和病虫果、成熟度低、过熟、僵果黑心等不合格果，并除去果蒂、萼片。用流动清水冲洗、沥干，立即放入沸水中烫漂1~2分钟，以果实稍软而不烂为度。烫漂后捞出果实沥干，装罐，注入28%~30%的热糖液，装罐后加热排气，加热至罐中心温度为70~80℃，保持5~10分钟，趁热密封后在沸水浴中杀菌10~20分钟，分段冷却至38~40℃。

成品糖水草莓开罐糖度应达到12%~16%，固形物为净重的55%~60%，成品呈浅红色，具有糖水草莓罐头应有的风味、无异味，汁液中允许有少量的混浊及果肉碎屑存在。

（六）草莓发酵酒

草莓发酵酒的工艺流程为：原料选择→清洗→破碎→调糖度→主发酵→后发酵→调酒度→澄清→过滤→装瓶→杀菌→检验。

选择成熟度稍高、新鲜、无病虫害的草莓果实为原料，剔除病虫果、腐烂、僵化果；用清水冲洗干净，并摘除果梗、萼片等杂物；果实破碎时需添加0.007%~0.008%的二氧化硫；然后加白砂糖调糖度，使果浆糖度达12%以上；添加占果浆重5%~6%的酒母于果浆中进行发酵，一般25℃发酵5~7天，20℃发酵14天左右。当酒度达7%、残糖量降至3%~5%时进行分离，取汁加糖5%~7%，用95%的酒精调酒度为10%，然后进行发酵，温度18~22℃，时间25~30天，酒度达13.5%~14.5%，残糖量达0.5%以下时，即可贮存。然后进行调配，使糖度为14%~15%，酒度为16%。每100千克加4~5个鸡蛋蛋清、盐20克，冷冻至冰点以上1℃。经15天后进行过滤，装瓶，在70℃水浴经20分钟杀菌，杀菌常采用巴氏杀菌，70℃，20分钟。分段冷却。

成品草莓发酵酒应呈宝石红色，澄清透明，无悬浮物，具有浓郁酒香和果香，甜酸适度，醇厚和谐。酒度按酒精计不高于16%，糖度14%~15%，酸度一般为0.3%。产品质量应符合省级标准，达到一年内不浑浊、无沉淀。

第四章　选购食用

　　草莓要吃多少洗多少，剩余的保存在冰箱的低温贮藏室，适宜温度为 4℃左右。除直接食用外，还可以自制草莓酱、草莓干、草莓沙拉、草莓汁和草莓冰淇淋等。

一、选购方法

（一）选购

农产品在上市销售前，按照相关要求，都会进行农产品质量安全检测，有农产品质量安全等级证书，如绿色标志、农产品质量合格证。

果实的风味比如淡、甜、甜酸、酸，清香、果香等性状，主要由品种特性决定的，比如红颊甜酸适口、章姬味甜、酸味少，越心香甜可口；另一方面，生产环境、种植水平都会影响果实品质。今后，产品标识应标明品牌、品种、等级、产地、生产单位等相关信息，消费者只要根据自己的喜好，选择品种，品牌及生产单位等信息购买就可以了。

草莓具有连续结果习性，不同成熟季节，果实糖酸变化较大，一般冬季温度低，果实成熟期长，糖分积累多，风味浓；3月后，气温高，果实风味会变淡。果实颜色主要由品种特性决定的，有深红、红色、橙红色、淡红，还有白色草莓，果实具有生命特征，采收后在有机械伤或高温条件下新陈代谢活跃，果实颜色会变深。对于有异味的草莓，最好不要食用。

草莓畸形果是由于开花时授粉受精不充分引起的，着生在果实表面的种子不能正常发育，不能产生内源激素，从而吸引不到光合产物、致使该部位不膨大，可以正常食用。咬开后中间有空心，这个特性也与品种特性有关，一些品种中心髓部发育膨大停止早，而果实外层还在继续膨大，这样自然生成空腔，与是否使用植株生长调节剂、质量安全性关系不大。

（二）保存

草莓很"娇贵"的，不应把它们放在阳光或在室温下太久。买回的草莓不要一次全部清洗，吃多少洗多少，剩下的放进冰箱冷藏，保存在冰箱的低温室，适宜温度为4℃左右。

二、食用方法

（一）直接食用

采摘或买回来的草莓，即可直接食用，或者用自来水连续冲洗几分钟，把草莓表面的灰尘等除去，等晾干后再食用。

再仔细的话，把草莓浸在淘米水（宜用第一次的淘米水）及淡盐水（一面盆水中加半调羹盐），碱性的淘米水有分解农药的作用，淡盐水可以使附着在草莓表面的昆虫及虫卵浮起，便于被水冲掉，且有一定的消毒作用。用流动的自来水冲净淘米水和淡盐水以及可能残存的有害物，最后用净水（或冷开水）冲洗一遍即可食用。

（二）草莓酱

1. 原料

新鲜草莓300克、细砂糖180克、柠檬汁20克。

2. 操作方法

先将草莓洗净擦干水分，用刀切开。小个的草莓切成两半，大个的则切成四半；在草莓里加入细砂糖，用筷子拌匀，使糖均匀地附着在草莓上。盖上保鲜膜，放入冰箱冷藏3个小时以上（有条件的可以冷藏24小时）；冷藏过后，草莓内的水分会渗出，将草莓连同渗出的水分一起全部放入锅里，大火翻炒（可用珐琅锅或不锈钢锅，不要用铁锅），不断翻炒直到草莓变软，然后用中火慢慢熬干；当翻炒到浓稠状态时，关火，加入柠檬汁，搅拌均匀，果酱就炒好了。将果酱装入干净的容器里，密封放入冰箱保存。

（三）草莓干

1. 原料

优质鲜草莓1 000克，白砂糖300克，柠檬汁15~25克。

2. 操作方法

选用优质的新鲜草莓，先用淡盐水浸泡15分钟左右的时间，再用清水充分的漂洗干净后，最后再摘去果蒂部分沥水待用。把处理好的草莓放入干净的容器里，放一层草莓的同时均匀地撒入一层白砂糖，然后放冰箱冷藏腌制大约1天时间，其间要经常轻轻翻动草莓，确保每颗草莓上面都均匀地粘满糖液。这样做主要就是利用的糖的渗透作用，将草莓中的水分腌出来一部分，可以加快草莓干的制作速度。取出腌好的草莓，把腌出的草莓汁倒在不锈钢锅里，加柠檬汁搅匀，煮开后用小火慢慢地熬至浓稠。柠檬汁主要用来调整草莓干的风味和酸甜度，没有柠檬汁或不喜欢都可以不加。

然后把草莓倒入糖浆中煮开，再继续小火煮5分钟左右，捞出草莓控干糖汁待用。在烤盘里铺上专用的烘焙纸，把控干糖汁的草莓铺在烘焙纸上。烤箱预热120℃并打开热风，放入烤盘烤60分钟左右，烤至草莓表面干燥时取出放凉。最好连同烘焙纸一起，放在阳光充足的通风处再晾晒2天左右。

如果没有烤箱，也可以制作草莓干。前面的操作步骤都是一样的，就是在准备入烤箱烘烤之前，把草莓铺在专用的烘焙纸上，放在阳光充足且通风的地方慢慢晒，晒至草莓的含水量为20%左右就可以了。

（四）草莓沙拉

1. 原料

草莓、苹果、葡萄干、橙子、酸奶各适量。

2. 操作方法

准备材料，草莓、葡萄干、苹果、橙子、酸奶。草莓不要去蒂，否则可能造成农药随着水流，进入草莓内心，如此反而受更多污染。用淡盐水浸泡5分钟。然后摘去叶子反复冲洗干净；苹果切小块用淡盐水浸泡，防止表面氧化变色。橙子剥皮切小块，与草莓、苹果、葡萄干混合。倒上酸奶拌匀即可。

（五）草莓汁

1. 原料

草莓 500 克、纯净水 100 毫升、蜂蜜或白砂糖少许。

2. 操作方法

草莓洗干净，去掉叶子部分，放入搅拌杯或料理机，加水，加蜂蜜或白砂糖。点对点放入搅拌底座。扭动杯体，10~15秒，倒入杯中即可饮用。

（六）草莓冰淇淋

1. 原料

淡奶油 150 克、草莓 300 克、全脂牛奶 300 克、大蛋黄 4 个、细砂糖 150 克。

2. 操作方法

将淡奶油与牛奶放进小奶锅里混合，再用微火慢慢加热至快沸腾，但是不能沸腾。关火放置一边。将细砂糖倒入蛋黄中，用电动打蛋器（用蛋抽子也可）混合搅拌至蛋黄液发白，将热的牛奶液缓慢冲入蛋黄里，边倒边用打蛋器搅拌散热，以免把蛋黄烫熟出蛋花。用大一点的钢盆煮开水，将刚才冲好的牛奶蛋黄液倒在另一玻璃碗或钢盆里，放进开水盆中，隔水不停加热，至较之前浓稠，牛奶表面出现细微划痕，或是感到能粘在勺子上即可关火，取出。不能煮开，否则又成蛋花汤了。加热过程中要不停搅拌，以免糊锅。在盆表面包上保鲜膜或加上盖子，以免变凉过程中牛奶蛋黄糊风干起皮。将草莓用淡盐水泡 10 分钟后冲净控干，切成小块，放在搅拌机里榨成草莓蓉，倒入凉透的牛奶蛋黄糊里拌匀。倒入容器中，放冰箱冷冻一个半小时以后取出，用打动打蛋器低速将略冻好的冰淇淋打松，再放进冰箱冷冻。以后每隔两小时重复一次打松。三次以后，放进密封的容器即可。

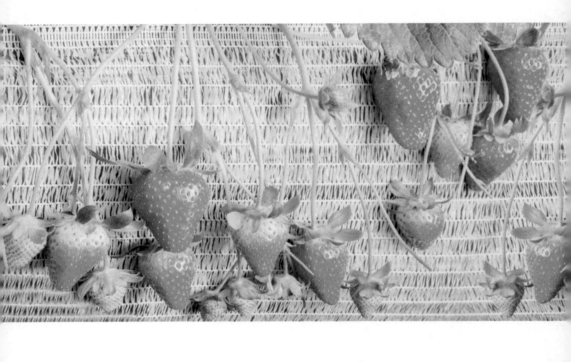

第五章　典型实例

　　生产和经营草莓的管理者利用学到的农业生产技术和经营管理经验，积极从事草莓产业的开发，成为当地草莓产业的龙头企业或带头人，辐射和带动了周边农户的草莓种植，推动了草莓产业的发展，促进了农业经济的增长。

一、浙江一里谷农业科技有限公司

（一）生产基地

浙江一里谷农业科技有限公司成立于2015年，核心基地位于嘉善县魏塘街道智果村，面积300亩，基地有全产业链安全管控草莓生产区、纳米膜樱桃番茄生产区、绿叶蔬菜工厂化漂浮水培区、基质蔬菜生产区、生态型栽培火龙果生产区等，设施有玻璃温室、连体钢管大棚、单体钢管大棚等，每年种植草莓30~50亩，采用连体大棚"A"

字架高架基质栽培、连体大棚、8米单体大棚土壤和槽式基质栽培，生产上选用红颊、越心、小白等优新抗病品种，推广立体基质栽培，配套肥水一体化微灌系统，根据不同栽培方式，采用不同肥水管理措施。开展病虫害绿色防控示范，提升生产环境清洁化水平。

2016—2018年平均亩产值3万元以上。

（二）产品介绍

基地草莓主要栽培品种为红颊、小白、越心，产品销售方式为观光采摘、礼品销售和超市。基地生产的草莓色泽艳丽、风味纯正、香甜可口，深受消费者喜爱，2017年获浙江省精品草莓评选金奖，

2018年获浙江省十佳草莓。

（三）责任人简介

孙军，男，1971年1月生，浙江嘉善人，大学学历，第十三届全国人大代表，浙江省蔬菜瓜菜协会会长。

技术负责人朱金良，男，1963年4月生，浙江嘉善人，高中学历，1995年开始种植草莓，栽培经验丰富，被誉为"民间高手"。

联 系 人：孙　军

联系电话：133 0683 9338

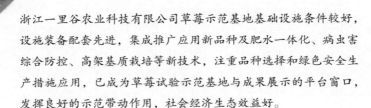

专家点评

浙江一里谷农业科技有限公司草莓示范基地基础设施条件较好，设施装备配套先进，集成推广应用新品种及肥水一体化、病虫害综合防控、高架基质栽培等新技术，注重品种选择和绿色安全生产措施应用，已成为草莓试验示范基地与成果展示的平台窗口，发挥良好的示范带动作用，社会经济生态效益好。

二、建德市山里红家庭农场

（一）生产基地

建德市山里红家庭农场位于浙江省"建德草莓小镇"，集草莓种植、休闲采摘、草莓苗繁育、技术培训和服务于一体。农场有连栋塑料大棚50亩，15 000平方米的基质育苗设施，常年保持100余亩的生产苗繁育基地，栽培品种有红颜、章姬、香野、越心、红玉、妙香等20余个品种，主要供应优质草莓、生产苗和种苗，为解决土壤连作障碍问题，每两年进行土壤消毒一次，精细整地，施足基肥，适时定植，加强棚温管理，做好白粉病和灰霉病的防治工作，定期进行农残检测，确保草莓的质量安全，积极推广应用清洁化栽培模式，优化草莓种植环境，每亩平均产值4万元左右，是浙江省全产业链质量安

全风险管控示范基地和浙江省五大主推技术示范基地，浙江省民办农技推广平台以及浙江省成人教育品牌项目草莓培训基地，浙江省示范家庭农场。

（二）产品介绍

基地主要栽培品种有红颜、章姬、香野、越心、红玉、妙香等。产品主要销售方式为礼品包装销售、微信电商平台销售和旅游采摘等方式。生产的草莓品种丰富，色泽艳丽、风味多样、品质优，曾多次荣获全国草莓精品大赛金奖、选送的越心草莓获全国草莓精品大赛"长城杯"。

（三）责任人简介

赵建明，男，1963年生，浙江建德人，中专学历，先后获2018年乡村振兴带头人"金牛奖"、首届中国（杭州）美丽乡村丰收节丰收人物奖、建德市优秀人才、建德市建功立德标兵、建德市工匠（草莓）、建德市乡土人才等称号，是建德市劳动模范，享受杭州市政府特殊津贴。

联 系 人：赵建明

联系电话：130 6785 0883

专家点评

建德市山里红家庭农场位于"建德草莓小镇"核心示范区，农场规模大，基础设施条件较好，设施装备配套先进，开展草莓新品种、肥水一体化、"一品一策"、智慧农业、高架基质栽培及穴盘育苗等试验示范，注重精准化栽培管理，病虫害防控时间节点把控较好，已成为建德市草莓产业对外交流的重要平台，每年接待大批国内外草莓行业人士与专业户，发挥良好的示范带动作用。

三、建德市建伟家庭农场

（一）生产基地

建德市建伟家庭农场位于新安江街道梅坪，以夫妻为主导、雇工模式种植经营大棚草莓。农场实现功能区域化，分为休闲游乐体验区、大棚草莓生产区、种苗繁育区、检测分级包装区、农资农具放置区等，实现庭院式美化和清洁网、地布覆盖清洁化。草莓种植方式采用6米单体钢架大棚土壤栽培为主，辅以半基质栽培与连体大棚悬挂式基质栽培，采用生物还原和水旱轮作技术，克服土壤连作障碍；推广应用菌肥和高钾氨基酸水溶肥；适时盖棚，低温时通过滴管施用植物动力2003；做好蜜蜂授粉，及时做好病虫害防控工作。2009—2018年平均亩产值3.5万元。农场现已成为"农业部草莓产供安全过程管控技术""浙江省全产业链质量安全风险管理"示范基地，浙江省

科技示范基地和浙江省草莓水肥一体化示范基地，建德市二星级果蔬乐园，建德市规范家庭农场，并承担 2019 年第 17 届中国（建德）草莓文化旅游节千人参观。2018 年 6 月与乌兹别克斯坦农林科有限公司合

作创建乌中友谊果蔬乐园，助力建德草莓搭上"一带一路"的快速列车，让小草莓走出国门。

（二）产品介绍

农场草莓主栽品种为红颜、章姬、越心、白雪公主、越秀、红玉、小白等。主要销售方式为精装礼品、观光采摘、定点销售、批发等。基地生产的草莓品种丰富，风味多样、品质优，曾荣获 2015 年安徽长丰全国草莓精品大赛金奖、2018 年山东临沂全国草莓精品大赛金奖和 2018 年浙江省十佳草莓称号，在 2019 年浙江省精品草莓大赛上获多个金奖。

（三）责任人简介

李建伟，男，1974 年 8 月生，浙江建德人，初中学历，高技农民技师。2018 年 9 月被评为浙江省乡土人才带头人。

联 系 人：李建伟

联系电话：135 6715 3088

　　　　　152 6701 0544

专家点评

建德市建伟家庭农场拥有草莓种植大棚60亩，根据产品市场定位和销售规模，园区布局合理，分成采摘体验区和生产种植区，目前以土壤栽培为主，进行半基质栽培与连体大棚悬挂式基质栽培试验示范，丰富采摘体验模式，开展草莓新品种新技术试验示范，注重液肥、菌肥以及植物调节剂使用和疏花疏果，保持植株生长结果平衡，是建德市草莓产业对外交流的重要窗口。

四、宁波市镇海区阿欢草莓园艺场

（一）生产基地

阿欢草莓园艺场于1984年开始草莓生产种植，2000年完成工商注册登记，五度换址，2015年6月移址镇海区骆驼蒋朝阳现代农业园区，规模50亩，分为大棚草莓生产区、农资农具农机放置区、果实检测分级包装区、休闲游乐认知区。草莓种植方式为8米单体钢架大棚土壤栽培、基质高架栽培生产上严格土壤石灰氮高温消毒，重施有机肥，改良土壤；冬季低温内膜全程用无滴膜覆盖，尽量提高棚温；畦面铺上清洁化白网，减少果实烫伤，增加果实亮度、糖度，减少果实沾灰现象；采用挂黄板、蓝板，撒施捕食螨等措施，防止红蜘蛛和白粉病为害，并控制灰霉病影响，确保草莓质量安全。2016—2018年平均每亩产值5万元，是镇海地区草莓种植示范基地，2017年宁波市示范家庭农场，2018年浙江省示范家庭农场。

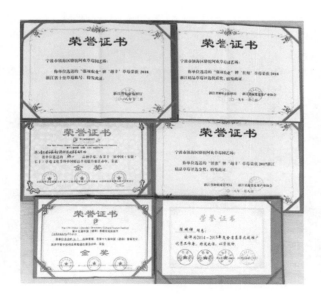

（二）产品介绍

基地草莓主要栽培品种为红颊、越丰、越心、梦晶、小白等；产品主要销售方式：观光采摘、礼品包装、定量供货销售为主。基地生产的草莓品类丰富、风味佳、香甜可口，2017年浙江省精品草莓大赛中荣获金奖，2018年度荣获全省十佳草莓称号。2017—2019年度每年都在全国草莓大赛中获得金奖。

（三）责任人简介

陈欢祥，男，1965年10月生，浙江镇海人，初中学历，农民技师，拥有35年的草莓种植经验，擅长收集品种、品比试验，栽培育苗技术成熟，颇有心得，担任镇海区第五、第六届政协委员。

联 系 人：陈欢祥

联系电话：133 3667 5249

专家点评

宁波市镇海区阿欢草莓园艺场作为草莓观光采摘销售为主的基地，应用标准化生产技术，示范草莓清洁化生产方式，改造升级园区设施、环境，探索农旅融合模式，丰富采摘体验模式，生产优质、精品、安全、放心产品。栽培上采用施足底肥，种前畦面封草选用金都尔20毫升加施田普10毫升／背包，每亩喷施30～40千克药液，整个冬季尽量提高棚温等措施，连续结果性好。积极开展新品种新技术试验示范，是镇海区草莓试验示范基地与成果展示的平台窗口，发挥良好的示范带动作用。

五、临海市旺达果蔬专业合作社

（一）生产基地

临海市旺达果蔬专业合作社成立于2011年，核心基地坐落于临海市邵家渡办事处邵家渡村，基地规模面积30亩，采用钢架大棚栽培，采用土壤栽培方式，5月中旬草莓采收结束后闷棚，采用太阳能高温消毒；每棚放养1箱中蜂；移栽前清理残株、地膜，适时移栽，结合喷药用挪威海藻素、益施帮、双岐钙等叶面肥；重点防治根茎部炭疽病、灰霉病、白粉病、黄蚜、叶螨和蓟马等病虫害。2016—2018年平均亩产值3万元左右。

（二）产品介绍

合作社生产基地草莓主要栽培品种为红颊，产品主要销售方式：批发市场。生产的草莓果实端正、色泽艳丽、风味好、品质佳，荣获2017年、2018年浙江省精品草莓评选优质奖和金奖。

（三）责任人简介

吴健，男，1974年2月生，浙江临海人，高中学历，2010年开始种植草莓，善于学习，积极应用农业投入品、新技术。

联 系 人：吴 健

联系电话：131 1650 0052

专家点评

临海市旺达果蔬专业合作社以土壤栽培、产品批发销售为主，进行旧畦连用法种植草莓，全程采用水肥一体化，追施10～12次，只在11月中旬盖地膜前3～5天，每亩畦面撒施45%硫酸钾型复合肥15千克，结合喷药施叶面肥，实现省工节本，注重疏花疏果，在我省东南部区域种植红颊品种做到春节前集中上市连续结果上有一套成熟栽培管理技术，丰产稳产，种植经济效益好。

六、宁波市奉化悠然家庭农场

（一）生产基地

宁波市奉化悠然家庭农场成立于2013年，基地地处"中国草莓之乡"——宁波市奉化区尚田镇广渡村，总面积共60亩。基地常年用于大棚草莓生产的共约25亩，采用单体钢管大棚土壤栽培，品种以章姬为主，搭配少量红颊，培育

无病（炭疽病、黄萎病）壮苗；施足有机肥，深沟高畦；利用优质溪坑水，灌水结合施肥进行滴灌；及时摘除高节次花序果、畸形果、病果和小果，提高商品大果率；利用末批花序果加工草莓干、草莓酒，提高附加值，平均亩产值3万余元。

（二）产品介绍

农场生产基地草莓主要栽培品种为章姬、红颊，注重疏花疏果，生产的草莓果实大、端正、色泽艳、品质好，产品分获2017年、2018年浙江省精品草莓评选优质奖、金奖。产品主要销售方式为旅游采摘、精品礼盒，并通过淘宝网、微信等网络销售，拓展销售渠道。

（三）责任人简介

周云杰，男，1988年5月生，浙江奉化人，本科学历，农产品经纪人。积极参加各类技术培训，对接农技人员，不断提高草莓种植水平。

联 系 人：周云杰

联系电话：188 6864 7431

专家点评

悠然家庭农场多年来立足大棚草莓主业，专心致志生产优质安全草莓，栽培上注重选用壮苗，每亩施用2 000千克羊粪、进口三元复合肥作基肥，每批花序留3~7个果，提高草莓大果率，通过淘宝网、微信等网络销售，拓展销售渠道，农旅采摘与网络销售日益红火，经济效益稳步增加。

七、浙江绿鹰农业科技有限公司

（一）生产基地

浙江绿鹰农业科技有限公司成立于2019年，由杭州绿鹰养殖场及浙江运商投资管理有限公司共同组建。公司位于2 000年历史的大运河畔的五杭古集镇。公司核心区域108亩，主要从事草莓架式栽培，利用夏季的高温天气，进行密封消毒，杀死基质中的病虫害；培养无病壮苗，适当控制氮肥使用量，增施磷肥，通过水肥一体化系统精准施肥；棚内及时补充二氧化碳；做好炭疽病、白粉病、红蜘蛛、蓟马等病虫害的预防和控制；实行清洁化生产，创造一个整洁、省力、美观的采摘环境。

　　协同浙江省农业科学院进行草莓新品种培育、穴盘育苗等科研工作，是一家集农业科研、农业休闲观光旅游、研学教育为一体的综合性农业企业。2018年架式草莓种植获得成功，每亩产值达12万元。

（二）产品介绍

　　基地种植的草莓主栽品种为越心、红颊，销售方式为果实和草莓衍生品，基地生产的草莓果实色泽艳丽、风味纯正、香甜可口、干净卫生、品质上佳，环境优美，以体验式

采摘为主，结合互联网营销，产品远销北京、上海等地。公司生产的草莓于2016年通过中国绿色食品A级标准认证，2016年、2017年和2019年在全国草莓大赛中荣获金奖，2018年在浙江省草莓大赛中荣获金奖。

（三）责任人简介

顾晓明，男，1980年5月生，浙江杭州人，从事农业14年，是杭州市农村青年致富带头人，余杭区党代表，余杭区出彩青年人，余杭区农民土专家，现任浙江绿鹰科技有限公司董事长。

联 系 人：顾晓明

联系电话：139 8985 5883

专家点评

浙江绿鹰农业科技有限公司注重农产品品牌建设，拥有专业种植团队、互联网产品营销团队、研学教育活动策划团队的农文旅企业。基地采用连栋大棚高架基质栽培方式，采用电动摇膜、定时定量给液及电燃油机加温补二氧化碳等装置，注重绿色标准化生产，注重农旅融合，注重草莓产品营销，拓展市场销路，草莓基地影响力大，成为余杭区农业的金名片。

八、宁波市黄齐勇个体种植户

（一）生产基地

黄齐勇从 2000 年起开始大棚设施栽培各种果蔬，2014 年与鄞州区农科所合作繁育草莓苗、大棚草莓种植。种植方式为设施种植、露天繁育草莓苗，努力提高土壤肥力，培育健康壮苗；合理调控水分，做到湿而不涝，干而不旱；合理把控肥水管理，看苗情，看长势、看地力，看气候变化，有针对性、目的性施管水肥；合理调节温度，果实膨大中后期适当调低温度及拉大昼夜温差，冬季尽可能降低棚内湿度。生产基地 2018 年被定为宁波市鄞州区种植业管理服务站大棚草莓高效栽培推广示范点。

（二）产品介绍

基地草莓主要栽培品种为红颊、越心、梦晶等，生产的草莓果实端正，色泽艳丽、风味浓郁、品质优良，产品主要销售方式：定点销售、礼盒装销售，2016年荣获鄞州区第二届草莓擂台赛二等奖，2017年荣获鄞州区第三届草莓擂台赛三等奖，2019年荣获第十七届中国（建德）草莓文化旅游节精品草莓擂台赛金奖与银奖。

（三）责任人简介

黄齐勇，男，1964年9月生，浙江鄞州人。拥有30多年的经作种植经验，2014年起专业种植草莓及草莓繁苗工作，对草莓栽培和育苗颇有心得，在充分了解品种特性的基础上做出相应的管理措施，单产高质量好，是宁波市鄞州区农林局科技示范户。

联 系 人：黄齐勇

联系电话：180 6716 8385

专家点评

基地规模适中，夫妇二人经营。对栽培草莓颇有心得，技术成熟且能灵活应用，通过养护好一方种植土，培育健壮苗，把控肥水管理，合理调控生长环境，维持草莓健壮长势，减少病虫害发生，产量高、品质佳，效益好，是宁波市鄞州区农林局科技示范户。

九、富阳青圃生态农业开发有限公司

（一）生产基地

　　富阳青圃生态农业开发有限公司成立于 2014 年，基地位于富春江畔，离富阳主城区 5 千米，占地面积 50 亩，分为草莓区块 15 亩、果树区块 10 亩、山羊养殖区块（牧草种植）15 亩、待开发区块 10 亩。基地草莓种植方式采用以单体钢架大棚和连栋大棚土壤栽培为主，做好整地、消毒，8 月做垄施基肥，9—10 月选用健康粗壮的生产苗定植，做好肥水管理，定期使用高效低毒农药防治病虫，配合使用捕食螨、黄蓝色板，防虫网等防治方法；土壤用地膜全覆盖，畦面铺垫清洁白网，保持基地清洁，确保草莓产品质量安全。2015—2018 年草莓亩产值达到 3.5 万元。

（二）产品介绍

基地草莓主要栽培品种为越心、越丰、越秀、章姬、红颜。基地生产的草莓品类丰富，色泽艳丽、风味纯正、香甜可口、品质好，产品主要销售方式以观光采摘、单位团购、加盟客户等模式销售。2016年被认定为草莓无公害生产基地，2018年获注册商标"满贵"牌，2018获浙江省十佳草莓，2019年获全国草莓大赛金奖、银

奖和优质奖。

（三）责任人简介

余满贵，女，1976年生，浙江富阳人，初中学历。2014年开始从事草莓生产，善于学习草莓种植知识，积极参加各类技术培训，对接农技人员，不断提高草莓种植水平，2019年获富阳区乡村产业特技大师。

联　系　人：余满贵

联系电话：158 5821 7828

专家点评

富阳青圃生态农业开发有限公司草莓基地以采摘、微友、定店销售为主，以品种多样化，品质优、质量安全为特色主攻当地市场，能够充分利用学到的知识，注重标准化生产，重视清洁化生产，生产中配合使用捕食螨、黄蓝色板，防虫网等防治方法，确保质量安全。实行清洁化管理，提升园区形象，通过套种西甜瓜、玉米等特色品种，维护微友一些客户，还能提高经济效益。

十、海宁市顾关明家庭农场

（一）生产基地

　　顾关明家庭农场专业从事草莓苗繁育和草莓设施种植，与国内草莓科研机构保持紧密联系，遵循草莓苗三级繁育体系，采用脱毒原种苗和专用母苗，在浙江杭州、江苏淮安建有草莓苗标准化繁育基地150亩，配套100立方米冷库两座。育苗地选择地势高，平整，深沟高垄，3月15日左右开始定植母株，每亩定植1 500株，母株周边铺设滴管；对病虫害采用平时常规用药和预防治疗相结合，控制真菌性和细菌性病害；7月初开始第一次压苗，起苗前2天，喷施一遍防治病虫害的农药。

　　年出圃草莓苗800万株，主要销往浙江、江苏、上海、北京、广东、广西壮族自治区等地，草莓苗质量深受种植户认可。

（二）产品介绍

农场草莓种植主要品种有红颊、章姬、越心、妙香 7 号、香野、隋珠等 10 余个。基地生产的草莓色泽艳丽、香甜可口、风味浓郁、品质好。注重草莓种苗培育和病虫害防控，草莓苗质量达到标准要求。

（三）责任人简介

顾关明，男，1972年生，浙江海宁人，初中学历。一直从事草莓生产，具有30多年的繁苗种植经验，参加各类技术培训，学习新知识，善于总结经验，在草莓育苗方面颇有心得。

联 系 人：顾关明

联系电话：132 0571 5258

专家点评

顾关明家庭农场选择地势高、不易积水田块作为育苗地，母株数较多，定植早，预防及时，喷药仔细且用药量足，主要是用进口或者国内知名厂商的生产的为主。将真菌性、细菌性、预防及治疗剂复配后喷施，前期平均5~7天用药，后期3~5天，每亩100千克左右药水，温度高或雷阵雨后马上补喷药。7月初开始第一次压苗，用多效唑，1包18克，配25千克水，1亩地用2包；后期用拿敌稳压苗。起苗前2天，将所有防治病虫害的药剂喷施一遍。具有较为丰富的草莓苗繁育经验，近几年在草莓苗市场得到有效拓展。

十一、金华市桂金家庭农场

（一）生产基地

金华市桂金家庭农场成立于 2014 年 1 月，基地坐落于金华市金东区江东镇芦村，采用钢架大棚进行土壤栽培，面积 15 亩，以草莓—蔬菜（番茄、苦瓜或瓠瓜）生产模式为主。每年 7—8 月闷棚并翻耕，防止土壤连作障碍；9 月初选壮苗在阴天或下雨天定植，采用遮光率 55% 的遮阳网覆盖大棚；定植后第一次浇透水，同时放入生根剂；10 月下旬覆盖地膜，11 月上旬覆盖大棚膜。集中开花期尽量避免游客采摘，以免影响蜜蜂正常授粉。2016—2018 年度平均亩产值 4 万元左右。

（二）产品介绍

　　农场草莓主要栽培品种为红颊、白雪公主；基地生产的草莓外观漂亮、酸甜可口、风味浓郁、品质好，产品主要销售方式：采摘游、市场批发。农场草莓产品2017年、2018年分获浙江省精品草莓评选金奖与十佳草莓称号。

（三）责任人简介

卢建军，男，1990年6月生，浙江金华人，大专学历。2010年从事草莓生产，积极参加各类技术培训，对接农技人员，不断提高草莓种植水平。

联 系 人：卢建军

联系电话：138 1997 2722

金华市桂金家庭农场实行草莓标准化生产，通过土壤高温杀菌，合理调控植株，疏花疏果，并根据草莓成熟度安排分区域分大棚、分期进行休闲采摘，有效提高了草莓基地的经济效益。

参考文献

邓明琴, 雷家军. 2005. 中国果树志·草莓卷[M]. 北京: 中国林业出版社.

蒋桂华, 吴声敢. 2014. 草莓全程标准化操作手册[M]. 杭州: 浙江科学技术出版社.

李伟龙, 胡美华. 2013. 图说草莓栽培与病虫害防治[M]. 杭州: 浙江科学技术出版社.

童英富, 郑永利. 2005. 草莓病虫原色图谱[M]. 杭州: 浙江科学技术出版社.

(日)植松德雄. 1998. 草莓栽培的理论与实践 [M]. 东京：诚文堂新光社.

(日)施山纪男. 2014. 日本草莓的生态生理特性及栽培体系和技术 [M]. 张运涛等译. 北京：中国农业出版社.

(日)森下昌三. 2016. 草莓的基本原理 / 生态与栽培技术 [M]. 张运涛等译. 北京：中国农业出版社.

(日)西泽隆. 2018. 全方位看草莓 [M]. 张运涛等译. 北京：中国农业出版社.

后 记

《草莓》经过筹划、编撰、审稿、定稿，现在终于出版了。

《草莓》从筹划至出版历时一年之久。在编撰过程中，得到了浙江省农学会相关专家的大力帮助，并对书稿进行了仔细的审阅，特别是浙江省农业农村厅农业技术推广中心蔬菜科科长杨新琴研究员在百忙之中对书稿进行了仔细的审阅和修改，在此表示衷心的感谢！

因水平和经验有限，书中瑕疵之处敬请读者批评指正。